U0383595

探索家

一 星 一 世 界

THE PLANETS

UNREAD

太阳系家园的诗意巡礼

[美] 达娃 · 索贝尔 Dava Sobel_ 著 肖明波 _ 译

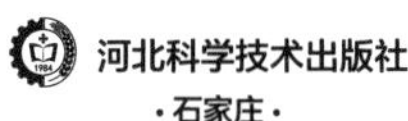

· 石家庄 ·

THE PLANETS

图书在版编目（CIP）数据

一星一世界 : 太阳系家园的诗意巡礼 / (美) 达娃·索贝尔著 ; 肖明波译 . -- 石家庄 : 河北科学技术出版社 , 2025. 1. -- ISBN 978-7-5717-2123-7

Ⅰ . P185-49

中国国家版本馆 CIP 数据核字第 2024K4C317 号

选题策划 联合天际·边建强
责任编辑 徐艳硕 符 巧
责任校对 李 虎
美术编辑 张 帆
装帧设计 夏 天
封面设计 艾 藤

出 版 河北科学技术出版社
地 址 石家庄市友谊北大街 330 号(邮政编码:050061)
发 行 未读(天津)文化传媒有限公司
印 刷 北京联兴盛业印刷股份有限公司
开 本 880 毫米 ×1230 毫米 1/32
印 张 8.75
字 数 220 千
版 次 2025 年 1 月第 1 版
印 次 2025 年 1 月第 1 次印刷
I S B N 978-7-5717-2123-7
定 价 78.00 元

关注未读好书

客服咨询

本书若有质量问题，请与本公司图书销售中心联系调换
电话:（010）52435752

满怀充溢寰宇的爱意

谨以此书献给我的两位兄长——

给我家猫咪取名为“惊奇队长”的

迈克尔·索贝尔医学博士

和在太空夏令营跟我睡上下铺的

斯蒂芬·索贝尔牙医博士

我醒卧在黑夜

那冷酷的不可言说之中，

明知在宇宙

每个隐蔽的角落和

幽深的缝隙里，

都有行星在诞生、成长和消亡，

恰似那一朵朵竞相绽放的

金针花……

——戴安娜·阿克曼　《行星：宇宙牧歌》

在人类历史的长河中，只有一代人可以成为探索太阳系的先驱。当这代人还处于孩提时代时，行星不过是飞越夜空的圆盘，遥远而模糊；可是等他们到了暮年，行星则成了探索太空过程中所呈现的一个个新世界，缤纷而明确。

——卡尔·萨根　《宇宙联系：一种地外视角》

contents

中文版序

本书是写给那些在观察天空时摸不着门径的朋友看的。他们在夜晚偶尔也会仰望群星，却感觉不到和天空的任何联系——他们一点儿也不明白自己看到的都是些什么东西。他们从小就没学过多少天文学，同时感到现在开始学又为时已晚。

在这些人的印象中，行星不是岩石或气体构成的世界，而是一些神话中的神灵、占星术方面的影响以及文学上的隐喻。因此我产生了这样的念头：如果我从行星的多重文化内涵这个角度入手，或许可以引导非科学家读者对太阳系展开一次探索。我很高兴地告诉大家，我成功地完成了这项使命。

最近，在看着这本书被翻译成汉语的过程中，我得知行星在中国有着不同的意义。比如，在英语中有一个助记句子，帮助学童记忆行星的名字和它们距离太阳由近至远而排出的次序，而在汉语中就找不到与之对应的句子。我感谢本书足智多谋的译者肖明波，他跨越两种文明，千方百计地保住了行星在文化方面的种种联系。

达娃·索贝尔

2008年1月12日

第一章　模型世界（概论）

印象中，我最初迷恋上行星时才 8 岁，正在念小学三年级。当时我刚刚得知：正如我有上高中和大学的哥哥一样，地球在太空中也有兄弟姐妹！对我而言，那些邻近世界的突然出现，不啻为一个具体而神秘的新启示，因为在 1955 年时，我对行星还知之甚少，只知道它们在太阳系大家庭里都有各自的位置和名字。在我看来，冥王星和水星就跟巴黎和莫斯科差不多，都是些极具异国情调的理想国度，只是更能唤起我孩子气的幻想而已。

关于行星，已成定论的区区几桩事实表明，它们怪得离谱——从令人难以忍受的严寒酷热，到时间的扭曲，都有可能出现。比如说，水星只要 88 天就能绕太阳一周，而地球则需要 365 天，因此水星上的一年还不足地球时间的三个月，那情形有点像按“狗年”计时：小狗生活七年，其主人才长一岁——这也解释了为什么宠物们的寿命大都短得可怜吧。

每颗行星都开辟出了各自的可能疆域，并创造了相应的现实环境。据说，在常年覆盖的云层之下，金星隐藏着丰茂的沼泽地；在那些沼泽地里，是一片片充斥着黄色和橙色植物的雨林，浸泡在石油或苏打水的汪洋之中。这些观点并非出自漫画书或耸人听闻的小说，而是由一些严肃的科学家提出来的。

行星上不胜枚举的怪异现象与屈指可数的行星总数形成了鲜明的对比。事实上，太阳系中行星的颗数——“9”倒有助于让它们自成一组。一般东西的数目要么成对，要么成打，要么是尾数为5或0的数字，而行星则有9颗，而且也只有9颗[1]。“9”这个数字，像外太空本身那样古怪，不过用双手倒是可以数得过来。要掌握行星的基本知识，花一晚上的时间就够了，不像背出美国本土48个州府，或者记住纽约市历史上的重要日期那么费劲。当孩子们用“My very educated mother just served us nine pies”这个无实际意义的助记句子，以帮助记忆九大行星的英文名时，同时也记住了它们从太阳向外依次排列的正确次序：水星、金星、地球、火星、木星、土星、天王星、海王星和冥王星。[2]

行星的颗数不多，要找齐似乎比较容易。于是，我就想在一个硬鞋盒中排出它们的立体模型，好拿去参加科技展。我收集了

---

1 原书出版于2005年，当时冥王星的官方地位还没有改变。在2006年8月召开的国际天文学联合会（IAU）大会上，冥王星被降级（被开除行星籍），并因此引发了轩然大波。不过，作者对开除冥王星的做法持保留态度，认为一切仍存在变数。详情请参见本书第十一章，作者特意添加了“冥王星补遗”。——译者注（如无特殊说明，标数字序号的均为译者注，后不赘述）

2 “My very educated mother just served us nine pies”这个句子译成汉语是“我那非常有教养的妈妈刚给我们吃了9块馅饼”。这个英文句子中每个单词开头的字母刚好是太阳系九大行星“水星、金星、地球、火星、木星、土星、天王星、海王星、冥王星”的英文名“Mercury, Venus, Earth , Mars, Jupiter, Saturn, Uranus, Neptune, Pluto”开头的字母。

弹珠、杰克钢球[1]、乒乓球以及斯波尔丁弹力球[2]（我们女孩子可以在人行道上弹来弹去玩上半天的一种粉红色橡皮球）。然后，用蛋彩[3]给它们涂上颜色，再用烟斗通条和细绳将它们挂起来。我的模型（与其说像一个科学展示盒，倒不如说更像一个玩偶之家）并不能让人切实地感受到行星的相对大小，以及它们之间巨大的星际距离。按照正确的比例，我本该用篮球来代表木星，以显现它那足以让其他行星相形见绌的大小；按理说，还得将它们装在洗衣机或者冰柜包装箱那么大个的纸板箱里，才能较好地体现出太阳系的宏大规模。

幸运的是，这个以完全缺乏艺术技巧的手法制作出的粗糙模型，并没有扼杀掉行星在我脑海中的美好印象：土星悬挂在完美对称的旋转环系之中，火星上的地貌则不断变幻（20 世纪 50 年代的科学报告认为，那是因为火星上的植被在随季节发生周期性的变化）。

在科技展后，我们班又上演了一幕行星剧。我扮演的是“孤星”太阳，因为剧本要求这个角色身披红色斗篷，而我恰好有一件，那是先前万圣节[4]过后留存下来的服饰。作为孤星，我先用独

1 杰克钢球（Jacks ball）是西方一种古老的儿童游戏，类似我国的“吃石子”游戏。基本玩法为：先将一些被称作“杰克”的金属小块散落在地上，然后抛起钢球；在球落下前，迅速抓起若干个“杰克”，最后用同一只手接住钢球。感谢原书作者向译者解释游戏规则。

2 斯波尔丁弹力球（Spaldeen）是 1949 年时用废弃的网球内核创制出来的一种弹力球。对于居住在城市中的孩子而言，有了这种球后，即使在没有草坪的户外也可以玩球了。他们在大街上拍打这种球，玩出了砸硬币（hit-the-penny）和棍子球（stickball）等许多富有创造力的玩法。这种球原来的名字是“Spalding”，后来因为纽约人浊重的口音就演变成了“spaldeen”。

3 用蛋清代油调和的鸡蛋水胶颜料。

4 万圣节前夕（Halloween）在 10 月 31 日，中世纪时是宗教节日前夕，一般被称为“西方的鬼节”。这一天，人们往往挖空南瓜，刻成鬼脸，在里面点起蜡烛。但流传到今天，这个节日已经完全没有了宗教色彩，主要由儿童庆祝。他们会穿着女巫、精灵等特异的装扮，手上提着南瓜灯笼，挨家挨户地模仿妖怪去索取糖果、糕饼，嘴里还会大喊着：“不给糖就捣蛋（Trick or Treat）。”

白表达出太阳渴求伙伴的心愿。而那些扮演行星的演员们，在念完一段表明自己独特之处的台词后，就一个接一个地应许我的祈愿，加进来成为“孤星”的伙伴。在这幕行星剧中，最令人难忘的表演来自“土星”和“地球”——前者边念台词，边快速地转着两个呼啦圈；后者是个腼腆的大胖子，却不得不实事求是地宣称：“我的腰围有 2.4 万英里[1]。”于是，地球大圆的周长就这样不可磨灭地镂刻在了我的脑海中。（注意，那时候我们总是用带定冠词的“the earth”来称呼地球，以表明它的独一无二。我成年后，月亮从一个夜晚的发光体变成了一个可以飞抵的目的地，地球也由“the earth”变成了首字母大写的“Earth”。）

我所扮演的“孤星”角色，帮助我更好地理解了太阳和行星的关系——太阳是它们的母星和领路人。我们所处的这一隅宇宙名叫“太阳系”，并不是毫无根据的，因为每颗行星的构成和特点在很大程度上都是由它距离太阳的远近决定的。

我在立体模型中略去了太阳，因为我那时还没有理解太阳的威力，而且如果将它包含在里面，还会导致难以解决的尺度问题*。太阳和月亮都被省略掉的另一个原因在于，我们对这两个闪亮的天体已经司空见惯，它们似乎都成了地球大气的一部分，而行星们的身影只有在晚上就寝前或在凌晨天还黑着时，才能偶尔瞥见，

1 1 英里约合 1.609 千米。

* 盖伊 · 奥特维尔（Guy Ottewell）写过一本题为《是造个 1000 码大的模型还是把地球缩成胡椒粒般大小》的小册子。在这本不乏独创性的小册子中，他教人们使用保龄球当太阳，以构造出一个比例适度的太阳系模型。这样，直径为 8000 英里的地球就会缩成一粒胡椒那么大，并在距离保龄球 78 英尺远的地方找到它应处的位置！——作者注（加 * 的均为作者注，后不赘述）

因此反而显得弥足珍贵。

在我们班前往纽约海登天文馆（Hayden Planetarium）参观时，我们这些城里孩子见识了从交通信号灯和霓虹灯的禁锢中解脱出来的完美夜空。我们观察到了行星们在苍穹中彼此追逐的情景。我们使用特制的弹簧秤测试了重力的相对强度，这种秤可以指示出我们在木星上会有多重（一个中等身材的老师会重达 400 多磅[1]），在火星上又有多重（所有人在那儿都会变得身轻如燕）。我们目瞪口呆地看到了一块重达 15 吨的陨石——它曾经突然从天而降，砸在俄勒冈州威廉麦特山谷（Willamette Valley），但我们之中没几个人意识到那会对人类的安全构成多么可怕的威胁。

威廉麦特陨石[2]现在仍永久性地陈列在美国自然历史博物馆的"罗斯地球与太空中心"（Rose Center for Earth and Space）。令人难以置信的是，据说它原是一颗绕日运行的古老行星的铁镍核心。不知何故，它所处的那个世界在几十亿年前就彻底粉碎了，让行星的碎片在太空中四处漂荡。机缘巧合之下，这块特别的碎片被推向了地球。它以惊人的速度朝着俄勒冈州的地面猛冲而下，因摩擦生热而剧烈燃烧，最后以不亚于原子弹爆炸的威力猛烈地撞击着威廉麦特山谷。接下来，它就在那里静静地躺了千万年，任由西北太平洋上空飘来的酸雨在它那焦痕累累而又锈迹斑斑的残躯上，侵蚀出一个又一个的大窟窿。

---

1 1 磅约合 0.4536 千克。

2 这块美国境内最大的陨石是 1906 年在美国俄勒冈州威廉麦特山谷里发现的，现为美国自然历史博物馆罗斯中心的主要展品。

最早打破我天真的行星美梦的就是这一幕。毫无疑问，这个黑乎乎的邪恶入侵者，曾伙同大量太空岩石和金属块，东游西荡，随时都有撞上地球的危险。打那以后，我心目中的太阳系家园就从一个时钟机构般规整的模范小区，变成了一个无法无天的危险地带。

1957 年，我 10 岁时，“旅伴”号卫星[1]的发射把我吓了个半死。作为外国军事力量的展示，它给全校范围的防空演习赋予了一层全新的含义。在演习中，我们将课桌假装成防空掩体，趴伏在下面，背对着窗户。很显然，我们畏惧愤怒的人类同胞，更甚于那些行踪不定的太空岩石。

在我十几岁至 20 岁的这些年里，随着年轻的肯尼迪总统让美国拥有飞向月球的火箭这一梦想得以实现，人民大众就一直生活在一个驱之不散的噩梦中：隐藏在导弹发射井中的神秘火箭，不知何时就会落在我们自己的头上。但是，等到 1972 年 12 月，“阿波罗号”的宇航员带回了最后一批月球岩石，满载希望的宇宙飞船在金星和火星上平安着陆，而另一艘美国飞船——“先驱者 10 号”也正在飞往木星进行低空探测的途中。整个 20 世纪 70 年代和 80 年代，几乎每年都有飞往其他行星的无人飞行任务。通过探测机器人以无线电波传回地球的大量图片，人们越来越细致地描绘出了长久以来空白一片的行星面貌。人们还发现了全新的天体，

1 “旅伴”号（Sputnik）卫星是人类发射到宇宙的第一颗卫星，“Sputnik”在俄语中是“旅伴”的意思。这颗非返回式卫星在电池耗尽之后，便不再向地球发射任何信号，而是消失在星辰大海中。

因为宇宙飞船在飞行途中遇到了木星、土星、天王星和海王星的数十颗新卫星，以及围绕在这 4 颗行星周围的多个环系。

尽管冥王星离得太远，难以抵达，人类一直未去探索，但是通过仔细分析地基望远镜拍摄到的照片，科学家们在 1978 年偶然地发现了它的一颗卫星，大大出乎人们的意料。假如我出生于 1981 年的女儿在 8 岁时，也需要根据已经修正和扩展过的太阳系来试制自己的立体模型，她会需要一大把的软胶糖豆（Jellybean）和硬糖球（Jawbreakers），才有可能模拟出新加入太阳系的那些天体。而我那小她 3 岁的儿子，恐怕只有借助我们家的电脑，才造得出这样一个模型了。

尽管太阳系的成员数量增加了，但它的行星数一直固定在 9 颗，至少截至 1992 年情况还是如此。那一年，人们在太阳系的边缘发现了一个独立于冥王星的暗色小天体。不久又有了一些类似的发现。在接下来的十年当中，这种小型“离群索居者”的总数最终超过了 700 个。这个迷你世界的内涵是如此丰富，以至于有些天文学家在考虑是应该继续将冥王星看作一颗行星呢，还是应该将它重新归类为最大的一个“海王外天体”。（罗斯中心已经将冥王星排除在太阳系行星名单之外了。）

1995 年，也就是在发现冥王星为数众多的邻居中的第一颗之后仅过了三年，人们又有了更加异乎寻常的发现。这一次发现的是一颗真正的新行星，它隶属于类似太阳的另一颗恒星。天文学家们长久以来一直在猜想，太阳之外的其他恒星可能也拥有自己的行星系统。如今，第一颗这样的恒星真的出现了，那就是位于飞马座内的恒星“飞马座 51”（51 Pegasi）。随后的几个月里，在仙女座 ε 星、室女座 70b 星和脉冲星 PSR 1257+12 等恒星周围，也发现了系外行星（exoplanet）——这些新发现的太阳系以外的行星很快就被冠上了这样一个名称。在那以后又找到了将近 200 颗系外行星，而且随着搜寻技术的改进，预计在不久的将来还会有更多的发现。事实上，仅在我们银河系里，行星的数目可能就会远远超过 1000 亿颗——银河系中恒星的总数。[1]

我过去熟悉的太阳系，曾经被认为是独一无二的，但如今看来，它不过是一种常见类型中最早为人熟知的一个实例而已。

迄今为止，还没法通过天文望远镜直接拍摄到系外行星，所以发现者们只能靠想象来描绘它们的模样。人们只知道它们的大小和轨道动力学。在大小重量方面，它们大多跟体形巨大的木星差不多，因为大行星比小行星更容易被探测到。事实上，系外行星的存在都是从它们对所属母恒星的影响推断出来的：要么是恒星在受到不可见同伴的重力牵引时出现了摇摆，要么是行星从它面前经过并遮挡它的光芒时造成了周期性的暗淡。在围绕遥远的恒星运行的系外行星中，肯定也有火星或水星那样的小个子，但是它们太小了，难以对恒星运动造成扰动，因此没法从远处探测到。

行星科学家们已经将“木星”这个词征用为通用名词，“1 木星”（a jupiter）表示“一颗大的系外行星”，而一颗极大的系外行

1 据美国国家航空航天局（NASA）在 2022 年 3 月公布的数据显示，已经发现了超过 5000 颗系外行星，NASA 的数据库中还有至少 8000 颗待甄别的候选系外行星。

星的质量可能要用“3 木星”或更高的数值来计量。用同样的方式，当今的行星猎手们已将“1 地球”定为最困难也是最渴求的追寻目标。他们正在想方设法，去探测银河系中那些娇小脆弱、笼罩着令人欢欣的蓝色和绿色的星球，因为这些颜色可能喻示着水和生命的存在。

新世纪伊始，不管是什么私心杂念占据了我们的头脑，我们所处的时代在历史上都将被定义为一个不断发现系外行星系统的时代。而我们的太阳系，不仅不会因此而降低重要性、被贬为众多恒星系中的普通一员，反而会成为理解许多其他世界的样板。

哪怕在科学研究面前显露出了本来面目，哪怕在茫茫宇宙中屡见不鲜，行星还是会在人类情感中稳占一席之地，因为它们不仅对我们的生活产生了深远影响，而且在地球的天空中具有了特定的含义。那些旧时的神灵鬼怪，过去是——现在依然是——激发人类灵感的光源，是夜晚的漫游者，是家园风光中那道遥远的地平线。

延伸资料

在美国缅因州的阿鲁斯图克县（Aroostook County）、马萨诸塞州的波士顿市、科罗拉多州的波尔德市（Boulder）、亚利桑那州的旗杆市、纽约州的绮色佳市（Ithaca）、伊利诺伊州的皮奥里亚市（Peoria）、华盛顿特区、瑞典的斯德哥尔摩市、英国的约克郡以及靠近瑞士圣吕克市（St.-Luc）的阿尔卑斯山区，都建有太阳系模型——它们全都规模宏大，人们可以徒步或坐车在其中参观。

苏联的“金星 4 号”（Venera 4）太空探测船于 1967 年对金星的大气层进行了首次探测；随后“金星 7 号”和“金星 8 号”又分别于 1970 年和 1972 年在金星上着了陆。1971 年 11 月，美国的“水手 9 号”成为火星的第一颗人造卫星——这是可以绕地球–月球系统外的行星运行的第一艘太空探测船。次月，苏联的“火星 3 号”（Mars 3）探测器登陆火星，但在火星表面上仅存活了 20 秒钟。

瑞士日内瓦天文台的米歇尔·麦耶（Michel Mayor）和戴狄尔·魁若兹（Didier Queloz）率先观测到了一颗系外行星，并在 1995 年 10 月宣布了他们关于飞马座 51 恒星系的这一发现。不久，两位美国科学家——加州大学伯克利分校的杰弗里·马西（Geoffrey W. Marcy）和现任职于华盛顿特区的卡内基学院的保罗·巴特勒（R. Paul Butler）——证实了他们瑞士同行的发现，并进一步发现了另外一些系外行星。

第二章　创世记（太阳）

《圣经》第一章这样写道：“起初神创造天地。地是空虚混沌，渊面黑暗；神的灵运行在水面上。神说：‘要有光。’就有了光。”[1]

在创世的第一天，上帝意志的能量就让新诞生的天和地沐浴在光的海洋中。甚至早在上帝于第四天造出天宇间的日月星辰之前，光明所带来的巨大益处就已遍布了每个黄昏和清晨，海洋和干燥的陆地得以分离，大地上长出了青草和果树。

科学的创世学说也描述了类似的场景——伴随着巨大的能量迸发，从一个不存在时间的黑暗虚无里诞生出了宇宙。科学家们说：大约在130亿年前，“大爆炸”爆发出热光，并在瞬间分解成了物质和能量。在接下来的3分钟里，急剧的冷却过程产生了宇宙中所有的原子，但其组成很不均匀，约有75%的氢和25%的氦，再加上极少量的其他元素。随着宇宙向各个方向急剧地膨胀和继续冷却，至少有10亿年，它没有放射出新的光芒——直到

1 参考中英对照和合本《圣经》（新国际版），国际圣经协会，2000年10月初版。

恒星诞生，并开始在天宇间闪耀。

新恒星之所以会发光，是因为它星体深处的氢原子受到挤压后，彼此聚合，产生氦，并释放出能量。能量以光和热的形式逸出恒星，氦却留在了恒星内部；通过不断的积累，氦最终也会成为核聚变的燃料，于是恒星就将氦原子熔炼成碳原子。在恒星生命后期，它们还会制造出氮、氧乃至于铁。接下来，在几乎耗尽了所有能量后，它们就会寂灭和爆炸，将体内丰富的新元素喷向太空。那些最大和最明亮的恒星还会向宇宙遗赠一些最重的元素，包括金和铀。恒星们就这样开展着创造世界的工作——它们锻造出了大量的原料，供未来之用。

恒星丰富了曾经诞生过它们的天空，而天空又以此产生出一代又一代的新恒星，而且这些后代拥有了更丰富的“物质财富”，足以创造出一些包含盐海、沥青矿、山脉、沙漠和黄金河的附属世界。

大约在 50 亿年前，被我们称为“太阳”的这颗恒星诞生在银河系中一个星体稀少的区域。刚开始时，它只是该区域一个由冰冷的氢和古老的星尘组成的巨大云团。一定是某种扰动（比如说，邻近恒星爆炸所产生的冲击波）引发的回响穿透了整个云团，并加速了它的坍缩过程：散布在各处的原子在引力的作用下汇聚成小团块，而这些小团块反过来又堆积到一起，并且以越来越快的速度不断地聚集下去。云团的突然收缩会使它的温度升高，并让它开始旋转起来。于是，原来四处逸散、形状不定、冰凉辽阔的一大片云团，如今变成了一团浓稠灼热的球状“原始太阳星云”（proto-solar nebula）。新恒星濒临诞生了。

这团星云平展成为一个中央鼓出的圆盘，而太阳就从圆盘中央处产生了出来。从此，太阳就开始在内核处那温度高达几百万度的炼狱中，进行自耗式的氢聚变过程；而能量的外推作用，也抵挡住了因引力而造成的内坍趋势。在随后的数百万年里，这轮新诞生的太阳就用周围的残余气体和尘埃形成了太阳系的其余部分。

《创世记》里还讲述了上帝如何用地上的尘埃抟成人形、吹上生命之气，造出第一个人的故事。在早期的太阳系里，无处不在的尘埃——碳的微末、硅的细粉、氨的分子和冰的小晶粒——点点滴滴地聚到一起，形成了“星子”（planetesimal），它们是行星的种子或最初阶段。

甚至在集聚成形的过程中，行星就已呈现出了各自的特性，因为每颗行星积聚起来的物质都是它在星云中所处位置所独有的。水星位于太阳外侧那些最热的部位，主要是由金属颗粒构成；而金星和地球成形的地方则富含石质粉尘和金属。就在火星之外，有几万颗石质星子，它们可以获得充足的碳，但没法聚合成为一颗大行星。这一大批未完工的世界被称为“小行星”，它们目前依然漂荡在火星与木星之间的广阔区域里。这一大片名叫“小行星带”的区域，也成了太阳系的一大分水岭：类地行星都坐落在靠近太阳的一侧，而那些寒冷的气态巨星则生长在远离太阳的另一侧。

离太阳较远的那些星子，温度较低，上面凝聚了一定量的冰水和其他含氢化合物。第一颗达到相当规模的星子吸引了大量的氢气，将它们留在身边，并成长为木星——这是一颗庞大的行星，它的质量达到了所有其他行星总和的两倍。土星也靠气体“虚张声势”。在离太阳更远的地方，宇宙尘会更寒冷也更稀少，因此需要更长的时间才能形成星子。等到天王星和海王星达到足够的质量，可以吸纳氢气当“衬垫”的时候，这种气体大多已经消散了。而轮到遥远的冥王星时，就只剩下岩石碎片和冰碴子可用了。

在行星成形的整个过程中，为数众多的投射物像复仇天使一样，在年轻的太阳系中穿梭。不同的世界也会彼此碰撞。冰态天体撞击了地球，将大量的水灌注到地球上，足够盛满好几个大洋。石质天体则将火球倾泻到地球表面，造成了巨大的破坏。在 45 亿年前的一次大浩劫中，一个火星那么大的天体（大致相当于半个地球）呼啸而至，猛然撞上了地球。这次剧烈的撞击及其余震将熔化的碎片冲上了近地太空；它们在那里化成饼状，绕地球运行，后来经过冷却就凝结成了月球。

此后不久，大约在 40 亿年前，太阳系形成阶段的这种狂暴状态，很快就在被称作“晚期重型轰击”（late heavy bombardment）的最后大发作中结束了。在那些远古岁月里，许多还处在漫游状态的星子撞上了已经形成的行星，并迅速地融入其中。大量的其他小星体，在和一些巨行星发生引力相互作用之后，被猛烈地抛射出去，放逐到外太阳系一块遥远的“挪得之地”[1]。

---

1 “挪得之地”（land of Nod）典出《圣经》：该隐妒忌亚伯赢得上帝青睐，将其杀死，上帝罚该隐漂泊到“伊甸东边挪得之地”。“挪得之地”这个名称是希伯来文的音译。“Nod”在希伯来文中是一个词根，表示“徘徊中（迷茫彷徨）”的意思。因此“驱逐流放到挪得之地”的意思，并非指去一个叫“挪得”的地方，而是说该隐被流放到地球上徘徊，直到永远。另外，因为“Nod”这个词在英文中刚好有“打盹”的意思，“land of Nod”在英语中也被用来戏称“睡乡”。

刚开始时，年轻的太阳投射到行星上的光芒很微弱。但是，太阳在最初的20亿年中，随着内核处氦储量的提高，温度逐渐升高，并且变得越来越明亮。如今，已届中年的太阳每秒可将7亿吨的氢转化成氦，因而还在继续大放光明。太阳的氢储存丰富，即使这么飞速地消耗下去，还可以保证在未来30亿至50亿年里可靠地发光。不过，有一点是不可避免的，那就是当太阳耗尽氢并转入氦聚变阶段之后，它会变得过热，让地球上的海洋沸腾，并给它哺育出来的生命以毁灭性的打击。氦燃烧要求温度升高十倍，届时变得更热的太阳会发红，体积也持续膨胀，最后将吞没掉水星和金星，并熔化掉地球的表面。这样再过一亿年，当太阳将更多的氦烧成了碳灰之后，它就会甩掉外层，一直将它们甩到冥王星之外。如果是一颗更大的恒星，到了这个阶段就会转入碳燃烧。但是，按照宇宙标准，我们的太阳只能算一颗相对较小的恒星，因而没法做到这一点。相反，它会将自己慢慢焖烧成余烬，并散发出淡淡的光辉，映照着一片焦土——上帝曾在那里的人群中走动。只是，这个前景黯淡的未来距离现在还相当遥远，亚当和诺亚的子孙后代们应当还有充足的时间，为自己寻找一个新的家园。

在我们所处的年代，辉煌的太阳作为行星的始祖和主要能量来源，占太阳系质量的99.9%。而所有其他一切——全部行星连同它们的卫星和环，加上所有的小行星和彗星——只占0.1%。太阳和它的伙伴们之间的这种极度不平衡性，决定了它们之间的均势关系，因为根据万有引力定律，大质量的物体支配着小质量的物体。太阳的引力让行星保持在轨道上，也决定了它们的速度：靠太阳越近，就转得越快。反过来，太阳又要服从集中在我们银河系中心的群星质量：它携带着自己所有的行星，绕着这一中心，每 2.3 亿年沿轨道运行一周。

正如行星们会根据它们距离太阳的远近，以或高或低的敏锐度感受到来自太阳的吸引，它们也会以不同的份额分享太阳的光和热。太阳辐射能量的强度在穿越行星际空间的过程中会逐渐减弱。因此，水星的部分地区会受到 500℃高温的烘烤，而与此同时，天王星、海王星和冥王星却永久性地处在深度冰冻状态。只有在太阳系比较温和的中间段，即所谓的可居住区，才有条件支持“大鱼和水中所滋生各样有生命的动物，各从其类；各样飞鸟，各从其类；还有……牲畜，和一切昆虫，以及地上的野兽……”。[1]

行星通过反射光线来回馈太阳光的恩施，并以这种方式装出会发光的样子，其实它们自己并不能放射出光芒。太阳是太阳系中唯一的发光体；所有其他的天体都靠着反射太阳光来发光。就连在无数个迷人的夜晚普照大地的那轮明月也不例外，它洒下的银辉就源自黝黑的月球土壤对太阳光的反射。正是基于同样的原因，在月球上观看地球时，地球也会显得那么美丽动人。

金星靠近太阳，距离地球又最近，它借由对太阳光的反射，就成了迄今为止我们眼中最明亮的行星。尽管木星比金星大许多，

---

1 此处原文引用《圣经・创世记》1:22 的经文，译文参考了中英对照和合本《圣经》。

但是因为它远在数百万英里之外，在我们的夜空中反倒显得比较苍白。天王星和海王星虽然非常巨大，但距离我们更遥远，它们接收并反射出来的太阳光极少，因此天王星只有偶尔才能用裸眼分辨出来（仅仅是一个小光点），而海王星从来就没法直接看到。

我们不借助望远镜也没法看到冥王星。但是，太阳系外围的一些其他天体却有可能被观察到，它们有时真的会闪着光，突然跃入我们眼帘。在受到偶然的扰动后，幽居冥王星深处的冰岩可能会被推向太阳，于是一块呆板的丑石就会摇身一变，化为一颗壮丽的彗星。这个冰冷的天体在沐浴到和煦的阳光后会随之变热，并伸出一条由废气和冰尘形成的拖尾，在太阳光的照射下闪闪发亮。不过，在彗星绕过太阳并重归外太阳系的过程中，它的光芒会逐渐变弱并最终消失。*

彗星对地球的造访长久以来被解释成异象和奇迹，最近科学家则借助它们勾勒出了太阳领地的真实范围。通过对彗星路径的可见部分进行追踪，并对其余部分进行外推，天文学家们已证明大量的彗星来自冥王星外的邻近天域，来自远上几百倍的第二彗星储备库。尽管这些天体到我们的距离远得不可思议，但它们仍然属于太阳系，仍然受到太阳引力的影响，仍然接收到来自太阳的零星光亮。

太阳光能以每秒 18.6 万英里的高速在太空中飞奔，但是从太阳稠密的内部挣脱出来却要花费很长时间。在靠近太阳核心的地

* 被遗弃的彗星尘埃杂乱地散落在行星间的太空中；当地球转动着碰上其中的一片时，其碎片在穿越大气层时会发生燃烧，形成单个的“流星”或成阵的流星雨。

方，光线每年只能前进几英里，那里物质在崩解的过程中一再地吸收光线，并阻碍了它的外逃。以这种方式向外辐射，光线可能要走上百万年才能到达太阳的对流区，然后在此处搭乘上升气流搅起的旋涡，迅速地朝上朝外运动。这些旋涡将搭载的光卸下后，又会向下沉回原处，然后再将更多的光运上去。

太阳会发光的可见表面叫光球层（Photosphere），它像是不断翻滚的开水那样沸腾，将能量释放出来。不断迸裂的气泡伴随着闪耀的光芒，使光球层看上去像一张颗粒粗糙的脸，而东一处西一处成对出现的黑斑更将这张“脸”毁损得不成样子——那是些外形不规则的太阳黑子，其中心为黑色，四周围绕着深浅不一的灰色阴影，类似明暗交叠处的半影。太阳黑子指示出了太阳磁场活跃程度较高的区域。黑颜色表明该区域温度为4000K左右，相对于近6000K的邻近区域要凉一些。* 太阳的活跃水平以11年为平均周期，时高时低。太阳黑子也遵照同样的周期混合、变形或分化。它们的数量和分布情况随时间而变，就像有荒年和丰年一样，也会有“太阳活动谷年”和“太阳活动峰年”之分。在太阳活动谷年，可能完全没有黑子，或者只有零星的几颗点缀在太阳的高纬度区域。再过五六年，进入太阳活动峰年后，又会有成百上千颗黑子挤在太阳赤道附近。尽管太阳黑子看起来像云朵一样在光球上时聚时散，但造成它们隐现的真实原因在于太阳的自转。

---

* 这里的单位K指的是开尔文，其大小与摄氏度（或百分度）相同——几乎等于华氏温度的两度。不过，开尔文刻度起始于更低的温度，即-273℃或“绝对零度”，在这个温度点上所有的运动都会停止；同时开尔文刻度没有上限，因此在描述恒星温度时很有用。

太阳绕着自己的轴大约每个月自转一周，延续了它与生俱来的旋转运动。因为太阳是一个巨大的气态球体，它的旋转运动颇为复杂，会随运动速度不同而分层。太阳核心及其紧邻部分会像一个固态整体，以同一速率转动。包在这一层外面的区域会转得快一些，而再外面的可见光球则以几种不同的速率急速飞转——太阳赤道处转得快些，两极处转得慢些。在所有这些相互制约的运动的共同驱策下，太阳进入了一种狂暴状态，而其影响所及，整个太阳系都能清晰地感受到。

“太阳风”是一种由带电粒子组成的灼热气流（令人联想起“来自上帝的风”这种说法），由翻腾的太阳刮出，持续不断地袭向行星，如同弹幕射击一般。要不是地球磁场形成的保护圈，让太阳风中的多数粒子偏离方向，大概只有海洋中的生物才能躲得过这种攻势吧。不时地（尤其是在太阳活动峰年），来自太阳表面耀斑的突发性高能粒子流，或由巨大的气泡喷射出的太阳气，会为持续猛吹的太阳风注入新的活力。这类大爆发可以让我们的通信卫星失灵，可以让我们的电力网络瘫痪并造成大面积停电。在不那么猛烈的情况下，太阳风的粒子会小股地蹿入南北极附近的大气上层，引发电荷之瀑，在天空中挂出彩色光帘——这就是所谓的南极光和北极光了。其他行星在回应太阳风的袭击时，也会产生多彩极光。太阳风像波涛一样滚滚向前，越过冥王星一直涌向太阳风顶[1]——那是太阳的影响力鞭长莫及的边界，它的具体位

---

1 太阳风顶（heliopause），目前这个术语有多种译法，比如“太阳系顶”“太阳风顶”“太阳风层顶”“日鞘”“太阳风鞘”“太阳停止区”和“太阳停留”等，以前两个最为常用。

置目前还没找到。

在这个天文“伊甸园”中，行星被表现为修剪过的灌木，而日晷表面则是我们太阳的表面、黑子及其他部分。在天上，日全食和不同阶段的日偏食在生命之树的枝条后鱼贯而行。

在地球上看，我们眼中的太阳是个挂在天空中的耀眼圆盘，其大小跟满月相当，只是更明亮些。太阳和月亮在《创世记》中被描述成“两个大光”，它们确实是天造地设的绝配。尽管月球在大小上只是太阳（其直径高达数百万英里）的 1/400，但它距我们地球的距离也要近上 400 倍。正是因为这两个天体在大小和距离上的离奇巧合，每当它们在地球天空中共有的路径上交会时，微不足道的月球竟然能遮蔽住太阳。

大约每两年一次，在地球上某个窄窄的地带——往往是那种人迹难至的“鬼见愁”地区——人们会有福气看到一次日全食。在那个地区，同一天里会出现两次黄昏和两次拂晓，在太阳高挂时会看到群星闪耀的奇观。温度可能一下子降低 10 度或 15 度。就连见怪不怪的老练观察者在日全食发生时，也会产生茫然失措的感觉，这倒是与鸟兽在面临突如其来的白日黑天时匆忙回巢或进洞的行为一脉相承。

日全食的持续时间不会超过 7 分钟太久，因为地球在绕地轴不断旋转，而月亮也在以坚定的步伐沿着自己的轨道前进。但是，时间再短的日全食，也足以让科学考察队和好奇的个人不惜绕地球半圈前往观赏，哪怕他们以前不止一次看到过日全食。

在日全食期间，月亮像一池墨汁，掩去了太阳的光辉；天空颜色加深，变成拂晓或黄昏时的那种靛蓝；平时看不见的壮丽日冕，如今就在人们的眼前闪耀。日冕气体形成的珍珠色和白金色的飘带环绕着黯然失色的太阳，看上去像是外沿参差不齐的晕轮。带电的氢气所形成的红色长缎带从黑黑的月亮后面一跃而出，在发着微光的日冕上舞动。所有这些令人难以置信的罕见奇观，此时用裸眼就可以观察到。日全食期间也是唯一的安全期，人们可以直视万能的太阳而不用担心遭到瞎眼的报应。

片刻之后，月球投下的阴影过去了，我们熟悉的太阳光芒又以一贯的优雅姿态恢复了大自然的秩序。但是，日食的景象将久久萦绕在观看者的心头，人们像是刚目睹了一个奇迹。太阳系中唯一的一颗住人的行星，恰好拥有一颗大小合适的卫星，可以产生日全食，这一切难道只是偶然吗？还是说这本身就是上帝创世中的一个环节，让太阳隐藏的壮丽景象能以这种惊人的方式彰显出来？

延伸资料

氢核聚变反应这一非凡现象所要求的巨大热量和压力条件，在恒星内部得到了满足。正常情况下，地球上的两个氢原子是绝不会结合在一起的，因为它们都带正电荷——两个带正电荷的粒子互斥的电磁力比它们之间的万有引力要强。相反，太阳内部的高温会强力推动粒子以极快的速度运动，因此虽然存在互斥的电磁力，它们仍然可能发生碰撞。一旦粒子间的距离近到一定程度，它们就会受制于第三种力——这种力被称为“强作用力”，就因为它是迄今在自然界中发现的最强的作用力——并被这种作用力结合在一起。不过，这种力的作用范围仅限于如原子核般大的微小距离之内。

在太阳的内核中，每秒有 7 亿吨的氢聚变为 6.95 亿吨的氦。投入产出的质量之差——500 万吨——被转化成了光能。根据质能转化公式：能量（E）等于质量（m，这里为 500 万吨）乘上光速（c）的平方，这是非常巨大的一笔能量。因为光速本身就是一个很大的数字（186 000 英里 / 秒），再平方（这个数字乘上它自己），就得出了一个真正的天文数字（34 596 000 000）；这表明哪怕极少量的物质中也潜伏着巨大的动力。

氦在太阳及整个宇宙中是第二常见的成分（排在氢之后），占太阳组成的 10%。对太阳光进行光谱分析可以检测出来的所有其他元素——碳、氮、氧、氖、镁、硅、硫和铁，合在一起才占到太阳质量的 2%。

在太阳黑子活动的高峰期，太阳上聚集成团的黑子会使太阳的光芒变暗零点几个百分点（可以测量出来），但总的来说，太阳是个稳定的光源。

月球运行到了远地点时（此时距离地球最远），不能完全遮蔽太阳，而是引起“日环食”现象，此时的太阳看起来像个绕在月球周围的耀眼光环，而日冕可能就看不见了。

尽管在发生日全食时可以安全地直视太阳，但在日全食之前和之后的日偏食阶段要注意保护眼睛才行。

第三章　神话（水星）

行星所操的是一种古老的神话方言。它们的名字让人联想起有历史记载但在出现科学之前所发生的一切——那时普罗米修斯因为盗取了天上的火种，而被锁链缚在高加索的绝壁上；那时的欧罗巴[1]还不是一个洲，而是天神宙斯爱恋的一位少女——他假扮成公牛诱骗了她。

在那个年代，赫耳墨斯（Hermes）——或者说墨丘利[2]（这是古罗马人给这位古希腊神使改的新名字）——在为众神跑腿时能像思想一样迅疾，因此他的名字在神话编年史中出现的频率比其他奥林匹亚神都要高：在秋收女神的独女被冥王劫走后，墨丘利被派去交涉营救事宜，并用一辆由黑马拉着的金马车将人质接回家中；在丘比特如愿以偿地让普赛克（Psyche）获得长生不老之身、可以与他婚配之后，引领新娘进入“众神之殿”的也是墨

1 欧罗巴（Europe），美丽的人间女子，为宙斯所引诱，是宙斯最著名的情人之一。现在欧罗巴更多时候是指欧洲的意思。

2 墨丘利（Mercury），原指希腊神话中快如闪电的众神信使，现在已被用来称呼水星。

丘利。

在古人眼里，水星（Mercury）仅在白天和黑夜交界的微明时刻紧贴着地平线行进；如今用裸眼看到的景象依然如此。迅疾的水星要么在黎明时分充当太阳的先驱，要么在黄昏时分追逐太阳的背影。人们可以接连几个月看到其他行星——火星、木星和土星——彻夜高挂天际，放射光芒。可是水星不是由黑暗逃向光明，就是反过来由光明逃进黑暗，总是行色匆匆，不消一个小时就踪影全无。与此类似，扮演中间人角色的神使墨丘利（Mercury），也会穿越生者和死者的国度，接引亡灵下到阴间，去往他们最终的归宿地。

也许是因为这颗行星表现出了神话中那位神的某些特征，神的名字才被用于命名行星；也有可能是人们在观察到这颗行星的运行情况之后，才创造出了那位神的传说。不管实际情况是哪种，水星与神使墨丘利——还有赫耳墨斯，以及更早的巴比伦智慧之神纳布（Nabû）——之间的联系，早在公元前 5 世纪时就已经确立了。

一直以来，墨丘利被塑造成马拉松运动员那样精瘦并保持疾驰状态的形象，简直就是速递员的化身。他凉鞋上的翅膀催他前行，而帽上的双翅和带翼的魔杖则促他加速。虽然速度是他的看家本领，但墨丘利也赢得了其他方面的名声，比如巨人杀手（他杀死了百眼巨人阿耳戈斯）、音乐之神（他发明了七弦琴，而他儿子潘恩则制作出了牧羊人的芦笛）、商业之神和商人的保护神（为了纪念他，英文单词中的“商人”和“商业的”，就是与他名字同源的“Merchant”和“Mercantile”)、骗子和盗贼之神（因为他在出生当天就偷了他同父异母兄弟阿波罗的畜群）、雄辩之神（他曾把语言天赋送给潘多拉），并被广泛地当成机智、知识、幸运、道路、旅人和年轻男子的庇护神，还被特别地尊为牧民之神。在很长一段时间里，人们坚信：可以向他那蟒蛇缠绕的节杖祈求生育、康复和智慧。

水星及其旅伴因为会在恒星间移动而引起了人们的注意，因此被称为“planetai”——这个词在希腊语中是“漫游者”的意思。因为它们运动的有序性，又由这种语言中的“chaos”（混沌）导出了“cosmos”（宇宙）一词，并激发出了一整套描述行星位置的希腊词汇。正如诸神的名字至今仍与行星联系在一起，源自希腊语的天文学术语——“apogee”（远地点）、“perigee”（近地点）、“eccentricity”（偏心率）和“ephemeris”（星历表）等，在英语中也一直沿用至今。最初的观察者们在需要创造这类新词时，都选用了古代英雄的名字，从米利都的泰勒斯（Thales of Miletus，公元前 624—前 546 年，古希腊的科学奠基人，曾预测了日食并对宇宙物质提出过怀疑），到柏拉图（公元前 427—前 347 年，他曾设想：行星们镶嵌在由不可见的水晶构成的 7 个天球上*，这些天球一个套着一个，在恒星构成的第八天球内部，都以坚实的地球为中心旋转），概莫能外。后来，亚里士多德（公元前 384—前 322 年）将天球的数目增加到 54 个，从而更好地解释了为什么观

* 古人辨认出的七颗行星是：太阳、月亮、水星、金星、火星、木星和土星。

察到的行星轨道不是圆形的。到托勒密在公元 2 世纪对天文学进行系统化整理时，主天球又得到了进一步的扩充：一些名叫“本轮”（epicycles）和“均轮”（deferent）[1] 的精巧小圆，被用于补偿行星运动中公认的复杂性。

托勒密在他的天文学巨著《天文学大成》[2] 的篇首题词中这样写道：“我知道，我本凡夫俗子，朝生而暮死。但当我随心所欲地追踪众天体在轨道上的往复运动时，我感到自己的双脚不再踏在地球上，而是直接站在天神宙斯面前，尽情享用着诸神的珍馐。”

在托勒密的模型中，水星绕着静止的地球运行，其轨道就在月球天球之外。运动的动力则来源于天球网络外部的神力。但是，1000 多年后，哥白尼在 1543 年对行星的座次进行了重新排定。他认为威力无边的太阳“像是坐在王位上一样”，实际“统治着行星家族”。哥白尼并没有具体说明太阳是通过什么力量进行统治的，但他根据运行速度，让行星依次排在围绕太阳的圆圈上；他将水星置于最靠近太阳“火炉”的地方，因为它运动得最快。

---

1 公元前 3 世纪，阿波隆尼提出了“本轮 - 均轮”模型，认为所有的天体都沿着本轮作匀速圆周运动，本轮的中心又沿着均轮作匀速圆周运动，地球则处在均轮的中心。“本轮–均轮”模型到公元 2 世纪由托勒密发展到完备的程度。他把绕地球的那个圆叫“均轮”，每个小圆叫“本轮”。同时假设地球并不恰好在均轮的中心，而是偏开一定的距离，均轮是一些偏心圆；日月行星除作上述轨道运行外，还与众恒星一起，每天绕地球转动一周。托勒密这个不反映宇宙实际结构的数学图景，却较为完满地解释了当时观测到的行星运动情况，并实现了航海上的应用价值，从而被人们广为信奉。

2《天文学大成》（*Almagest*）是托勒密于公元 145 年左右写成的 8 卷本天文学巨著，又译作《至大论》或《伟大论》。在书中，他提出了宇宙的几何模型，并提供了相关的表格，可以据此计算太阳、月亮和五大行星在未来任意时刻的运动。书中还包括了一份恒星表，其中有分布在 48 个星座中的 1000 多颗恒星，还标出了每颗恒星的黄经、黄纬和视亮度（星等）。参考《剑桥插图天文学史》，山东画报出版社，2003 年 3 月第 1 版。

水星靠近太阳的事实，确实在方方面面都对这颗行星的现状产生了决定性的影响——不只是它在太空中的高速疾驰（在地球上很容易看出来的也就只有这一点），而且还有水星内部的冲突、高温、沉重，以及致使它个头如此之小（其直径仅为地球的 1/3）的那段多灾多难的历史。

受到近旁太阳的牵引，水星以每秒 30 英里的平均速度在轨道上飞速绕行。水星以这种速度（几乎是地球运行速度的两倍）运行，只需 88 个地球日就可完成一圈公转。正是让水星快速公转的那种“强求一致”的普罗克拉斯提斯式引力，对这颗行星的自转运动起到了制动作用。因为这颗行星要以高出自转许多倍的速度奋勇向前，因此不管在什么地方看到日出后，都要再等上半个水星年（大致相当于地球上的 6 周），才能看到正午高悬的骄阳。当黄昏终于降临时，已是年底了。而漫漫长夜一旦开始，又要再过一个水星年才能迎来一次新的日出。于是，那儿年复一年匆匆而过，而每个日子却总是拖得老长。

极有可能的是，在太阳系还年轻时，水星绕着自己的轴转得更快。那时，它上面的每一天也许只有区区 8 小时，因此水星年过得虽快，却也能包含几百个日子。但是，太阳会在这颗行星熔化的内部引起潮汐，于是水星的自转速度被逐渐消磨掉，最终就衰减成了如今这种徐缓的步调。

天刚亮，水星就会进入白热化状态。在这颗行星上，缺乏降低辐射的大气，没法像《荷马史诗》中咏唱的那样，将晨光折射成“黎明女神那玫瑰色的手指”。近在身旁的太阳斜着身子突然闯入尚在黑暗中的夜空，庞大的光球赫然现身，直径几乎是我们地球上惯常见到的那枚太阳的3倍。由于缺乏空气的保护，太阳的热量既散不出去，又没法留住，水星上有些地区白天热得足以熔化金属，夜里又会降到零下几百度。虽然金星确实会因为罩着厚厚的大气层而在整体上达到更高的温度，冥王星则会因为距离太阳太遥远而总是处在更为寒冷的环境中，但是说到极端冷热共处一星的情形，整个太阳系中还没有哪颗行星赶得上水星。

昼夜悬殊弥补了水星上没有季节变化的缺憾。这颗行星上不会有真正的季节，因为它是直立着的，而不是像地球那样沿着地轴保持倾斜状态。光和热总是毒辣辣地倾泻在水星的赤道上，而其南北极则会因为得不到直射的阳光，而一直处在相对的严寒之中。实际上，水星两极地区的某些火山坑里可能还窖藏着冰，因为那些永远不见天日的阴暗角落可以封存彗星带过去的水。

水星通常会隐身在太阳的光芒之中，因此在地球上往往很难观测到它。只有当这颗行星在轨道上转到地球天空中太阳的很西边或很东边时，我们才能用肉眼看到它。处在这种大“距角”（elongation）期间，水星可能会连着几天或几个星期，在每个清晨和黄昏遨游于地平线之上。不过，还是不大容易看到它，因为这颗行星太小、距离太远，而那些时候的天空相对而言又比较明亮。即使水星移动到距离地球最近的地方，它和我们之间仍然隔着5000万英里的距离，比起月亮区区25万英里的平均距离，真可谓天遥地远了。更何况，当水星接近地球时，它被太阳照亮的部分已经只剩下薄薄的一钩，形同新月。就算是最勤勉的观察者也得靠好运气才能找到它。哥白尼在观察水星时，受到波兰北部糟糕天气和水星隐遁本性二者交相夹击，观察效果远逊于很早期的天文学家前辈。他在《天体运行论》（*De Revolutionibus*）中就这样发牢骚说："古人的优势是天空更明朗一些；照他们的说法，那时的尼罗河可不会像我们如今的维斯杜拉河[1]这样雾气氤氲。"

哥白尼更进一步抱怨水星说："这颗行星浑身是谜，我们在探察它的运行轨迹时历尽艰辛，被它折磨得够呛。"他根据自己设想的"日心宇宙"为行星们排定座次时，采用了其他天文学家（有古代的，也有当代的）所给出的观察结果。但是，那些人也不曾经常性地或高精确地观察到水星，没法帮助哥白尼如愿以偿地确定它的轨道。

丹麦的完美主义者第谷·布拉赫[2]出生于1546年，此时距离哥白尼逝世仅三年。后来，他在自己位于赫文岛（Island of Hven）的天文堡，利用自己设计的仪器，测定了每一颗行星在准确记录下来的时刻所处的位置。他由此积累了大量的水星观测数据——至少有85次。布拉赫的德国籍弟子约翰尼斯·开普勒（Johannes Kepler）继承了这些信息资料，并在1609年确定了所有行星的正确轨道——"甚至包括了水星本身的轨道"。

1 维斯杜拉河（Vistula）是波兰最大的河，流经首都华沙。波兰人民称这条河为母亲河，认为她那秀丽和坚强的形象正是自己祖国的象征。哥白尼在1473年2月19日出生于维斯杜拉河畔的小城托伦。

2 第谷·布拉赫（Tycho Brahe，1546—1601），丹麦天文学家。他所做的天文观测可能是望远镜发明之前最精确的。在他逝世前不久，他把自己一生精心观测的资料赠给他的学生和助手开普勒，为开普勒发现行星运动三定律和牛顿发现万有引力定律创造了条件。

开普勒后来想到：尽管很难在地平线上看到水星，却可以利用一个被称作“凌日”（transit）的特殊时机在头顶上找到它，因为此时这颗行星必定会从太阳前面直接穿过。因此，若用一架望远镜将太阳的影像投射到一张纸上，就可以安全地进行观察了——可以接连几个小时追踪水星的黑色身影，看着它从太阳圆盘的一侧进入，再由另一侧穿出。1629 年，开普勒预测，在 1631 年 11 月 7 日这天会发生一次“水星凌日”现象，但他在这个天文事件发生的前一年就去世了。巴黎天文学家皮埃尔·伽桑狄（Pierre Gassendi）根据开普勒的预测，做好了观察凌日现象的准备。这个事件好歹也算按预期进度发生了，他独自一人透过浮云断断续续地进行了观察。在此过程中，他不禁感慨万分，发表了一大通充满神话隐喻的议论。

伽桑狄用神使墨丘利的出生地阿卡迪亚的基勒纳山（Arcadian mountain Cyllene）来称呼水星，于是就这样写道：“那个狡猾的基勒纳人，先是招来浓雾罩住地球，又故意出人意料地提早现身，还缩得小小的，一心就不想被人看到或认出，好偷偷地溜过去。他在婴儿时期就会玩这类把戏［这里指的是墨丘利早年盗窃阿波罗畜群的行径］，我们对此早有防备，而阿波罗也肯助我们一臂之力，并特意做了安排，因此虽然没人注意到他是什么时候到来的，但他在要走的时候就没法神不知鬼不觉了。我获得了恩准，甚至是在他鼓翼飞逃时，也可以稍稍拖住他那双带翅的凉鞋。许多赫耳墨斯观察者都没有我这么幸运，只落得徒劳地寻找凌日现象，而我却在没人见过他的地方找到了他；实际上，他‘就在太阳神的宝座上，与璀璨的绿宝石一道闪耀’。”*

伽桑狄对水星的提早出现——实际出现在早上9点左右，而发布的预测时间为中午——感到惊讶，但这并没有损害开普勒的声誉，因为他很谨慎，唯恐自己的计算出错，早就提醒过天文学家们要在出现凌日的前一天（11月6日）开始观察；同样，如果在7日什么也没发生，那么8日这一天还要继续观察。但是，伽桑狄对水星小尺寸的评论却让人大吃一惊。他在正式报告中强调，看到水星如此之小，他感到很惊讶。他解释说，他刚开始时把这个黑点错误地当成了太阳黑子，但马上意识到它移动得这么快，只可能是那个带翼信使本尊。伽桑狄原以为水星的直径能达到太阳直径的1/15，就像托勒密在1500年前估计的那样。实际上，这次凌日现象显示：水星的尺寸远小于这个估计尺寸，还不到太阳表观宽度（apparent width）的1/100。在地平线上时，水星通常会显得模糊，光点也会放大；但在望远镜的帮助下，再结合伽桑狄所观察到的水星映在太阳背景上的侧面剪影，就揭开了水星的伪装，恢复了它的本来面目。

在接下来的几十年里，安在改良望远镜上的精确测量设备，帮助天文学家将水星的直径大小逐渐削减下来，最后很逼近它当前的公认值——3050英里，还不到太阳实际直径的1/300。

到17世纪末，太阳和行星之间存在神秘的磁力吸引的学说，已被万有引力学说所取代。“引力”这个概念是艾萨克·牛顿爵士

---

* 这里，伽桑狄引用了奥维德（Ovid）的诗，用别名腓比斯（Phoebus）来称呼太阳神阿波罗。

于 1687 年在他的《自然哲学的数学原理》（*Principia Mathematica*）一书中引入的。牛顿的微积分和万有引力定律似乎为天文学家掌控诸天法则提供了手段。现在可以精确地计算出任一天体在任一天的任一时辰所处的位置了，如果观察到的天体运动跟预测的运动不同，那么天空可能就得给出一颗新行星，来解释这一差异源自何处。在 1845 年，人们就是这样用纸和笔"发现"了海王星，比最早用望远镜观察到这个遥远天体的人整整早了一年。

成功地预测到太阳系外围存在海王星的那位天文学家，后来将注意力向内转移到了水星身上。在 1859 年 9 月，巴黎天文台的勒维耶（Urbain Jean Joseph Leverrier）有点警觉地宣布：水星轨道的近日点在每转一圈时都会发生些微的位移，而不是像牛顿力学要求的那样重现在同一个点上。勒维耶怀疑，这可能是因为受到了水星和太阳间的另一颗行星或一大群小天体的牵引。勒维耶重返神话故事中，为他看不见的那个世界寻找合适的名字，最后选用了罗马神话中火与锻造之神的名字伏尔甘（Vulcan）。

尽管天神伏尔甘天生跛足，走起路来总是一瘸一拐，但勒维耶坚持认为他的伏尔甘以 4 倍于水星的速度在轨道上快步行进，每年至少凌日两次。但是，对预测中的这些凌日现象进行观测的所有努力均宣告失败了。

接下来，在 1860 年 7 月的日全食期间，天文学家们在暗下来的白日天空中，在太阳附近搜寻伏尔甘的踪影，后来在 1869 年 8 月的日食期间又搜了一遍。经过十年徒劳无功的搜寻，天文学家们对此越来越怀疑，最后美国天文学家克利斯汀·彼德斯（Christian Peters）嘲弄道："我不会再费心去寻觅勒维耶的神秘鸟了。"

法国天文观察者卡米伊·弗拉马里翁[1]调侃道："墨丘利是窃贼之神，他的同伴也像匿名刺客一般，偷偷摸摸地溜走了。"然而对伏尔甘的搜寻持续到了20世纪，到1915年还有一些天文学家仍在琢磨这个伏尔甘的位置。这一年，阿尔伯特·爱因斯坦告诉普鲁士科学院，牛顿力学在引力发挥最大作用的地方不再适用。爱因斯坦解释道，在紧挨着太阳的地方，宇宙本身会因为受到一个强烈的引力场作用而扭曲，因此每当水星冒险经过那里时，它的速度增长就会超出牛顿定律允许的范围。

爱因斯坦在给一位同事的信中说："你能想象我在证明了水星的近日点运动方程正确无误之后有多开心吗？我兴奋得好几天说不出话来。"

在爱因斯坦做出这个声明之后，伏尔甘就像伊卡洛斯[2]一样从天上摔落，而水星也因为在加深人类对宇宙的认识时所扮演的角色而获得了新的名声。

水星仍然使那些想一睹其真容的观察者感到沮丧。一位德国天文学家猜测，水星表面严严实实地裹着一层浓密的云。在意大

---

1 卡米伊·弗拉马里翁（Camille Flammarion，1842—1925），法国天文学家和优秀的科普作家，于1880年出版了他最成功的作品《大众天文学》，到他逝世那一年再版20多次，已译成中、英、德、西、意、俄等十几种语言，许多有名的天文学家就是读了这部书而爱上天文学的。他的研究工作主要是在双星和聚星、恒星的颜色和运动、火星和月球的地形等方面，一生发表观测和研究报告100多篇。他还在1887年组织了法国天文学会，并任第一任会长。

2 伊卡洛斯（Icarus），希腊神话中建筑师和雕刻家代达罗斯（Daedalus）之子，他用蜡和羽毛制成翼翅逃出克里特岛时，因过分飞近太阳，蜡翼受热后融化，坠入爱琴海而死。

利，米兰的天文学家乔凡尼·斯基亚帕雷利（Giovanni Schiaparelli）决定不顾炫目的太阳光，在白天追踪头顶上的这颗行星，以期更清楚地看到它的表面。斯基亚帕雷利在中午时将望远镜垂直指向天空，而不是像在黎明或黄昏时那样水平放置，从而避开了地平线上的湍气流，并且每次都可以接连几个小时将水星成功地保持在视野范围里。从 1881 年开始他就不沾咖啡和威士忌，以免视线模糊；为了达到同样的目的，他还戒了烟。他在每种距角条件下，观察了这颗行星升上天空后的情景。但由于在白日天空中水星显得过于苍白，他为看清水星表面特征所作的种种努力全部落空了。这项艰巨的工作开展了 8 年之后，斯基亚帕雷利唯一能报告的成果就是："上面有一些极为浅淡的条纹，只有通过巨大的努力并高度集中注意力，才能将它们分辨出来。"他在 1889 年刊布的一张粗略的水星地图上勾勒出了这些条纹，其中有一条看起来像数字"5"。

接着在 1934 年，一幅更详细的水星地图出版了，那是欧仁·安东尼亚迪（Eugène Antoniadi）在巴黎市郊的默东天文台（Meudon Observatory）研究十年的心血结晶。安东尼亚迪本人坦承，他观察到的东西比斯基亚帕雷利也多不了多少，但他是一名优秀的绘图员，并拥有一架更大的望远镜，他使用了更好的明暗法来处理那些淡色印记，并且用与墨丘利有密切联系的名词给它们命了名：基勒纳（Cyllene，墨丘利诞生的山陵）、阿波罗尼亚（Apollonia，他的同父异母哥哥阿波罗）、卡杜西塔（Caduceata，他的魔杖），以及三倍伟大的赫耳墨斯荒野（Solitudo Hermae Trismegisti 或 Wilderness of Thrice-Great Hermes）。尽管他提议的这些名称已不再出现在现代水星地图上，但是人们根据宇宙飞船拍到的照片，发现水星上有两大著名的山脉，它们现在已被命名为“斯基亚帕雷利”山脉和“安东尼亚迪”山脉。

因为在长时间的观察过程中分辨出的星表地貌特征持续不变，斯基亚帕雷利和安东尼亚迪两个人都推测：展现在他们眼前的只是水星的一面。他们认为太阳已锁定了这颗小个行星的运行模式：它的一个半球泛滥着热与光，而另一个半球则沉浸在永恒的黑暗中。直到 20 世纪 60 年代中期，不少跟他们同年代的人以及他们大部分的追随者都相信，水星的一面是恒昼，另一面是永夜。但是太阳以一种不同的方式制约着水星的自转和公转：这颗行星每 58.6 天绕自己的轴转一圈——该速率与它的轨道周期在节奏上合拍，即水星每绕太阳公转两圈，就完成 3 次自转。

水星所具有的这种 3 ∶ 2 模式，对地球上的观察者产生的影响是，它会连着六七次将同一面重复地展现给他们。斯基亚帕雷利和安东尼亚迪在研究中看到的，确实只是水星的一张不变的面孔；不过他们在水星自转问题上得出了错误的结论，这也是情有可原的——水星的运行诡异难测，难怪他们会陷入错误的泥潭。

整个 20 世纪，甚至在进入 21 世纪之后，水星依然是一个很难开展研究的对象。就连在地球大气层上方作轨道运行的哈勃太空望远镜，也避免对水星进行观测，以免它精细的光学部件在对准离太阳那么近的地方时会有被损坏的危险。到目前为止，也只有一艘宇宙飞船曾勇敢地直面过水星近旁那高温高热且具强辐射的恶劣环境。

“水手 10 号”宇宙飞船（Mariner 10）是地球派往水星的使者，它在 1974 年两度飞越水星，在 1975 年又飞越了一次。它传回了数千张水星地貌照片和丰富的测量资料。从拍摄到的地貌图，可以看到那里布满了陨石坑，从碗口大小的到巨盆大小的都有。颜色有深有浅的岩石碎片表明，有些地方新近发生的撞击掩盖了旧日撞击所留下的碎石。这些撞击伤疤间曾流淌过熔岩，一些洼地上留下的凝固熔岩如今已被磨光。但整体看来，被撞得遍体鳞伤的可怜水星还清楚地保存了一个时代的记录：在大约 40 亿年前就已结束的那个时期，太阳系创始期留下的残片曾严重地威胁到刚形成不久的行星。

水星所遭到的最猛烈的一次撞击撕开了一道 800 英里宽的伤口，它现在被称作卡洛里盆地（Caloris Basin，又称“热的盆地”）。卡洛里盆地边缘耸立着一些千米高峰，它们肯定是在剧烈撞击的大爆炸轰出这个盆地时拔地而起的。在这些高峰四周，蜿蜒数百英里的山脉和起伏不平的地面都留下了更多的动乱迹象。卡洛里盆地的撞击所造成的冲击波，也直接穿透了水星高密度的金属内核，引发了多场地震，致使水星另一面的外壳隆起，并被震成碎片。

“水手 10 号”宇宙飞船抓拍的这组照片，捕捉到的水星表面还不足一半，但展示出了一张由许多陡坡和断层线组成的网络[1]。

---

1 这种地形被称为“瓣状陡坡”（lobate scarps），科学家普遍认为是因为水星在过去缩小而造成的，这就好比是一粒本来饱满多汁的葡萄被晒成了葡萄干，其表面会出现大量皱褶一样。“信使”号水星探测器发回的证据表明，在水星表面一些“瓣状陡坡”的表面，还存有不少较新的细小裂缝，因而本来就已经够小的水星可能还在继续缩小。

这说明整颗行星在开始时一定比较庞大，后来才缩到现在这么小。当水星内部收缩后，整个外壳重新进行了调整，以适应这个突然变小的世界——就像神使墨丘利在伪装自己时所玩的一种偷偷摸摸的把戏。

在探索水星的工作中断了 30 年之后，一艘名叫“信使”号的飞船（MESSENGER，其实是“MErcury Surface, Space ENvironment, GEochemistry and Ranging”的英文缩写，表示“水星表面太空环境地球化学与测距”的意思）正在飞往水星的途中。这艘探测飞船发射于 2004 年 8 月，但因为它不能像自己的名字所喻示的那样迅速而直接地奔向目标，要等到 2008 年 1 月才能飞到水星附近。这颗行星一旦进入视野，“信使”号就会启动绘制详细水星表面图的工作，这要求它在接下来的三年里进行三次低空飞越水星的任务；同时这艘飞船也会在陶瓷布织成的遮阳板的保护下，绕太阳运行。然后在 2011 年 3 月，“信使”号会调整路线，转而绕水星运行，展开为期一年（按地球时间计算）的冒险历程，在两个漫长的水星日里对这颗行星进行监测。“信使”号飞船周而复始地绕水星快速运行，每 12 个小时就转一圈，因此它将肩负起新神使的职责，将信息源源不断地传给地球上那些热切追求真理的人们，以解除他们内心的疑惑。[1]

---

1 在对水星探测将近 4 年的时间里，“信使”号共向地球传回 25 万余张照片，面向公众发布了多达 10TByte 的科学数据，获取了水星表面地质地貌、磁场、稀薄大气等最全面、最真实的大量数据，填补了人类对水星认识的空白。北京时间 2015 年 5 月 1 日凌晨 3 点 26 分，“信使”号以撞击水星的方式，在水星北极附近结束了它的探测使命。

延伸资料

希腊神话中的强盗普罗克拉斯提斯（Procrustes）为了使旅客的身高和他的铁床长度相匹配，会砍断高个子的下肢，并用架子把矮个子拉长。普罗克拉斯提斯也因此而臭名昭著——现在他的名字已成了粗暴或者武断地强求一致的代名词。

水星以椭圆轨道绕日运行。它在距太阳 2900 万英里的近日点处达到 35 英里 / 秒的最大速度；当它绕到轨道的另一端，即距太阳 4300 万英里的远地点时，它的速度又会降至 24 英里 / 秒。

在古希腊史诗《伊利亚特》中，荷马多次用“年轻的黎明，垂着玫瑰红的手指”[1] 来形容红彤彤的朝霞，这种说法首次出现在该书第 1 卷第 477 行中。

每个世纪大约会发生 13 次水星凌日现象。尽管水星每年会在地球和太阳之间穿行 4 次左右，但在我们眼里，它通常会从高于或低于太阳的地方经过，因此不会出现凌日现象。

水星自转的周期正好是它公转周期的 2/3，于是这两个周期以 3 ∶ 2 的比例发生了“耦合”，也就是说两次公转的时间刚好能完成三次自转［使用位于波多黎各的阿雷赛博天文台（Arecibo Observatory）的反射雷达，测量由水星表面反弹回来的信号，可以得出其实际的自转速率］。太阳系中大多数受引潮力约束的其他天体都表现出 2 ∶ 1 的自转–公转共振节拍。最突出的例外要算月球了，它每自转一圈就绕地球公转一圈，所以其共振节拍为 1 ∶ 1。

---

1 原文为“Rosy-fingered dawn”，这里使用的是陈中梅的译文（《伊利亚特 · 奥德赛》，上海译文出版社，1998 年 12 月）。

第四章　美人（金星）

因为轻轻的晓风在吹动，
在空中水仙花般的床上，
那高高在上的爱神的星座
在爱的辉光中变得昏黄，
在爱的阳光中变得幽冥，
在他的光芒中暗暗死亡。

——阿尔弗雷德·丁尼生爵士《莫德》[1]

一会儿是“晨星”，一会儿又是“昏星”，金星像天宇中的一枚晶莹饰品，既是旭日东升的前奏，又是金乌西沉的尾声。

一连好几个月，金星会在黎明前跃上东方的地平线，在那里逗留到天亮才隐去，成为夜晚的最后一盏信标灯。刚开始时，她

1 这首诗的译文参考了黄杲炘翻译的《丁尼生诗选》，上海译文出版社，1995 年第 1 版。黄杲炘还在这段译文中给出了注释：“爱神之星指金星，爱神爱的光辉则指太阳（神）的光辉。”

清晨的亮相在时间和空间上都和太阳贴得很近，因此她出场时已是曙光满天。但是，随着日夜更迭，她起得越来越早，斗胆跑到离太阳更远的地方去游玩，在天亮还没个影的时候就已升得老高。最后，等她跑到了容许范围的尽头，太阳又将她召回来，让她每晚都迟一点升起，直到再次出现在黎明时分。接下来，金星会因为在太阳背后穿行而完全消失一段时间。

平均过上 50 天之后，她会重新出现在太阳的另一边，出现在黄昏的天空中，并在接下来的几个月中被称作昏星。夕阳西沉之后，金星孤孤单单地挂在黄昏的天际，闪着微光。最初几天，她会沐浴在西方地平线近旁的落日余晖之中；但是后来，金星一出场就高高在上，主宰着夜幕的降临。谁知道在夜色四合群星闪耀之前，有多少儿时的心愿虚托在那颗行星身上？

你啊，金发的黄昏使者，
太阳正歇在山巅，点起你的
爱情火炬吧；
把你的明冠
戴上，对我们的夜榻微笑吧！
对爱情微笑吧；当你拉起
蔚蓝的天帷，请把你的银露
撒给每朵阖眼欲睡的花。
让你的西风安歇在湖上，
以你闪烁的眼睛叙述寂静，

再用水银洗涤黑暗。

——威廉·布莱克《致昏星》[1]

入夜数小时，明亮的金星依然会让夜空中的群星黯然失色，除非月亮挤过来夺去她的风头。尽管金星远比月球大，也比它漂亮得多，但由于月球距离我们要近 100 倍左右，所以月亮倒显得更大更亮。与布满暗褐色尘土的月球表面相比，披在金星身上的那层浅黄发白的云彩，反射光线的效果要好许多。在太阳慷慨地赐予金星的阳光中，几乎有 80% 会作为浮光掠过她的云头，然后又折返太空，而月球仅反射出 8% 的阳光。[2]

金星异常明亮，还因为她距离地球近。金星距离地球最近时只有 2400 万英里——比所有其他的行星都近（作为地球的第二近邻，火星到地球的距离从来不会低于 3500 万英里）。就算金星与地球彼此退避到相距最远的角落——此时的距离会超过 1.5 亿英里——在地球上的观察者眼里，金星依然是最明亮的星星。以天文学家用来比较天体相对亮度的"视星等"来衡量，金星也远远地胜过了最亮的恒星。*

1 本诗翻译参考了网络上的译文，未查到原译者，特此致谢。

2 反射率的具体数值目前还没有特别统一。据作者说，一位权威的金星专家认为，金星的反射率接近 80%，但也有人认为只有 65%。有关资料给出的月球反射率大致在 7% ~ 12%。本书关于"月球"的第六章写道："月球表面上像张人脸的那些阴影部分，在阳光照射时仅反射 5% ~ 10% 的光线，而比较明亮的月球高地也不过反射 12% ~ 18% 的光线，因此整体而言，月球的闪亮程度也就跟柏油马路差不多。"如果按平均值估算，由此得出的月球反射率似乎更接近 12%。

* 肉眼能看到的最暗淡的恒星属于第 6 星等。第 1 星等的恒星会比它们亮 100 倍，而最亮的那些恒星为 0 星等，甚至 -1 星等。明亮的金星达到了 -4.6 星等，满月达到了 -12 星等，而太阳的视星等为 -27。

你受了什么强烈的诱惑，
或是哪个精灵在引导你?
金星啊，你夜复一夜依然璀璨!
似乎越靠近人类的栖身之处，
你就越感到此地亲切可人。

——威廉·华兹华斯 《致金星》

很自然，越靠近地球，金星就会显得越明亮。但是，在它的亮度逐渐增强的同时，金星也会经历由满、凸、弦再到娥眉依次转亏的星相过程。与月亮一样，金星在沿轨道运行时，看上去形状也在变；在距离地球最近、可以让我们看得最清楚时，她可见的盘面上受到太阳照射的部分就只剩下 1/6 了。但是因为距离靠近了，这个小银钩在我们眼里伸长了许多，所以虽然金星变细、变瘦了，我们还是能感到她的亮度有所增加。

伽利略用望远镜看到了金星的星相变化，并以这种方式将它们描绘了出来。

如果连着几个月每晚都用望远镜或双筒望远镜进行观察，就可看到她如何边缩减边提升高度和亮度，反之亦然。但是，除此之外就看不到什么了，因为没法透过覆盖金星的云层，通过观察分辨不出她的任何星表特征。所以说，正是那些让金星璀璨夺目的云彩，又为她蒙上了一层神秘的面纱。

只要懂得朝哪里看，有时甚至在大白天也能从蔚蓝的天空背景中找出金星那道稳定的白光。拿破仑有次在卢森堡宫的阳台上发表午间演说时，就是这样找到金星的。他还说这颗白日金星预示着他们将在意大利取得胜利（后来这个预言真的实现了）。

在无月之夜，若有金星相伴，她那耀眼的亮光会出人意料地将柔和的阴影投在苍白的墙壁或空地之上。金星阴影那淡淡的轮廓往往要侧目而视才看得见，因为眼角余光对黑白图景最敏感，而使用对颜色敏感的直接凝视反倒会找不到踪迹。但是不管你如何低眉侧目，满怀渴望地搜寻那捉摸不定的金星阴影，可能还是会徒劳无功；而金星在高挂夜空时，像存心捉弄人似的，会用她炫目的亮光模仿入港飞机降落时的信号灯，甚至还会惹得警察误以为发现了不明飞行物。

我停下来向你道贺：

你从自己生活的地方

认识了这颗星星的美丽。

你会认为落日余晖中看到的

那颗独一无二的明星就是太阳，
它并没有按应有的方式下沉，
而是在天空中慢慢缩小，
缩得几乎不见踪影，
但它只是想看看正在降临的黑暗——
就像有人死后复活，
回阳间看看自己是否真被世人深切缅怀。
我没有见到太阳落山。它真的落下了吗？
有没有人一口咬定，那不是它呢？……
——罗伯特·弗罗斯特《有学问的农夫与金星》

古老的传说宣称，金星不仅神圣而且具有女性气质，以此来颂扬她的美丽——也许是因为她每次来访通常都会待上饶富意味的9个月。尽管金星只要224个地球日就可以绕太阳一周，但地球本身的轨道运动帮忙改变了金星的观察性态。从运动中的地球上进行观察，金星作为晨星或昏星，每次的持续时间平均为260天，刚好与人类长达255至266天的妊娠周期相吻合。

迦勒底[1]人将金星称作伊什塔（Ishtar），是升上天的爱情女神。对于闪族苏美尔人（Semitic Sumerian）而言，她是“护卫天国的女子”宁斯安娜（Nin-si-anna）。她的波斯名字叫阿纳希塔（Anahita），与子孙繁息相关。金星具有身兼双职（晨星

1 迦勒底（Chaldea）为巴比伦尼亚南部（今伊拉克南部）的地区，在《旧约》中经常被提到。迦勒底王朝建于公元前625年，并一直延续到公元前539年波斯的入侵。

与昏星）的特点，因此又被她的崇拜者们轮番塑造成处女和荡妇的形象。

伊什塔后来变成了古希腊爱与美的化身阿佛洛狄忒。她又变成了古罗马人的维纳斯，并受到历史学家普林尼的尊崇，因为她喷洒的一种生命甘露（vital dew），激发了尘世间动物们的情欲。在中国古代，金星结合了男女两性，化作一对夫妇，丈夫是黄昏星太白，妻子则是拂晓星女媊[1]。

似乎只有中美洲的玛雅人和阿兹特克人一直把金星当作男性，并认为其是太阳的双胞胎兄弟。金星与太阳之间有节奏的关联，在这些古代文明中激发出了细致入微的天文观测和复杂的历法推算，同时也产生了血祭仪式，以庆祝金星降入幽冥之后随即复活。

在北美洲，史基迪的波尼族印第安人（Skidi Pawnee）在朝拜金星时，会以活人做祭品，以确保她下次能重返人间。据记载，这种祭典最后一次发生在1838年4月22日，当时一位十几岁的少女遭到绑架，并依照仪式被杀害在祭坛上。

作为一个象征可爱的符号，金星出现在梵高的三幅画作中。

---

1 据作者介绍，这种说法出自安东尼·阿维尼（Anthony Aveni）的《与行星对话》（*Conversing With the Planets*，1992。列在本书参考书目中）的第61页，书中还给出了一篇参考文献："The Deity of the Crescent Venus in Ancient Western Asia", by J. Offord, published in the Journal of the Royal Asiatic Society, Great Britain and Ireland 26:1197（pp.200）。中国古代确实一度将金星神格化为女神，有说是"戴鸡冠、骑凤凰"，有说是"戴凤冠、手抱琵琶"，也有说是受了佛教或西方影响，但译者以前一直没有查到太白金星之妻"Nu Chien"对应的中文名。本次修订，译者先是查得：《元始天尊说十一大曜消灾神咒经》认为，太白金星姓皓空，名德标（寥凌），字振寻，夫人名飙英，字灵恩，居素明宫或治皓灵宫。但这显然与"Nu Chien"不合。后又经过多方查找，终于获知《说文解字》曾引《甘石星经》云："太白上公妻曰女媊。居南斗，食厉，天下祀之，曰明星。"至于她是如何变成身为拂晓星的金星的，还有待进一步的研究。

最著名的一例是他作于1889年6月的《星月夜》。在这幅画中，金星被描绘成一个明亮的圆球，出现在圣雷米村（Saint-Rémy）东方，当时已精神失常的梵高被关在那里的一家精神病院里。艺术史家和天文学家也已经在《有丝柏和星星的小路》中明确地辨认出了金星。梵高在1890年5月中旬完成了这幅画，第二天就离开了圣雷米村。几个星期后，梵高在巴黎近郊瓦兹河畔的奥维尔村（Auvers-sur-Oise）最后一次描绘了金星——在这个地方，他于两个月内创作了80幅作品，然后就自杀了。在这幅名叫《夜晚的白房子》的画作中，金星被包在闪亮的晕圈里，就挂在那所白房子西侧的烟囱上方。

金星维纳斯在飞行……
我的声音却在颤抖，
我粗俗的诗韵只会唐突她的
天生丽质，她的酥胸，
她的娥眉，
还有她那如兰的气息，
倾国倾城，颠倒众生。

——C. W. 刘易斯 《行星》

如果要找两个世界来作类比，地球和金星这对双胞胎姐妹当数上乘之选，因为这两颗行星大小相若，沿轨道飞行时到太阳的距离也差不多。从远处对金星进行观察所得出的早期发现——

尤其是俄国天文学家兼诗人罗蒙诺索夫（Mikhail Lomonosov）在1761年探测到的金星大气层——让世人浮想联翩，以为那里是一个水草丰茂的乐园，聚居着类似地球人的生物。

但是，最近的研究恰恰表明，这两颗行星之间存在着令人瞠目结舌的巨大差别。也许旧时的金星曾拥有许多与地球相同的特征，比如辽阔的海面，但她上面的水分都已蒸干了。如今金星表面干枯，并在朦朦胧胧的天空下受着烘烤，因为厚厚的云层不仅挡住了外界太阳光的射入，也阻碍了内部热量的散发，而且还给她的表面施加了沉重的压力。

1970年至1984年，10艘苏联的“金星”号和“织女星”号飞船成功地登陆了金星，但是它们还没来得及拍几张照片、进行几次测量，或快速地采集几个周围环境的样本，就毁于恶劣的条件之下。大约在到达1小时之后，这些飞船不是被高温烤化，就是被大气压（几乎相当于海平面下3000英尺处的压强）压扁。

地球和金星之间存在如此巨大的差别，人们惊诧之余，有时还会套用道德说辞，似乎这两姐妹一个选择了光明正道，而另一个却走上了歪门邪道。但是，金星——那位误入歧途的姐妹——却现身说法，给漫不经心的人类讲述了一个具有重要警示意义的故事，因为她自己的恶劣环境表明：哪怕是很小的一些大气影响，到头来也可以通过交互作用，将人间天堂化作地狱熔炉。事实上，当前的许多金星研究，比如证实含氯化合物对高纬度云层的破坏，都旨在将人类从自我毁灭中拯救出来。

那么，你是否也和我们的世界一样，
是从使我们地球旋转的那颗星球中
甩出来的一块熔化的岩石？
你滚烫的沙子要怎样吸收
来自那炽烧火球的滚滚热浪？
你的缰绳那么短，你的轨道离它那么近，
你那些不怕火烧的动物都听得到
那光球卷起的大旋涡！

——奥利弗·温德尔·霍姆斯* 《漫游者》（*The Flâneur*）

地球和金星的差别无疑在她们年轻时就开始了，因为太阳将这两姐妹中离自己近的那一位烤得更热。太阳给金星上的水加温，直到它们化成蒸气腾空而起，直到水蒸气和火山喷发产生的热气将这颗行星团团裹住。这些气体跟温室的玻璃起到了同样的作用：它们允许太阳的热量到达金星表面，但不许热量逸出。热量不会散发到太空中去，而是向下反弹回地面，这样金星表面的温度又升高了几百度。

从高处照射在金星身上的阳光将水蒸气分解成它的组成元素：氢和氧。较轻的氢气会逃出金星的束缚，将氧气留下。氧气和金星表面的岩石以及火山喷出的气体重新组合，制造出一种几乎全

* 霍姆斯（Oliver Wendell Holmes）是一名从业医生、哈佛大学的解剖学教授，还是一位诗人、散文家、小说家以及业余天文学家。他在看过 1882 年 12 月 6 日的金星凌日现象后，写作了这首诗。

由二氧化碳组成（97%）的大气，而二氧化碳是最有效也最有害的温室效应气体。如今，虽然只有一小股太阳能量能穿透金星的云层，到达金星表面，但是温室效应却将这颗行星各处的温度都维持在 800 ℉[1] 以上，不管是白昼这半边还是黑夜那半边，甚至是两极处，概莫能外。金星上有冰吗？有液态水吗？不可能，虽然她的天空中或许还残留着少许水蒸气的痕迹。

由于富含二氧化碳，金星灼热的表面所承受的压力相当于地球大气压的 90 倍。在金星表面及其近空，俄罗斯的机器人探测器进行过短暂的勘测。金星的空气浓稠而透明，因此利用那儿微弱的光线，飞船的照相机可以清楚地看到地平线。所有的光线都是红的，因为只有波长较长的红光才能穿透厚厚的云层；而展示出来的地貌都是老照片上那种单色调的棕褐色图景。当夜晚来临，仅有的那点微弱亮光也没了，周遭景物在黑暗中闪着热光。在环境温度和压力的双重煎熬之下，温度高达熔点之半的岩石炽热发红，好似火堆中的余烬。

在金星表面之上 20 来英里处，开始出现云层，厚达 15 英里，团团覆盖，不留丝毫缝隙。在整个漫长的金星白昼里，太阳一直被它们遮蔽，完全没法露面。这颗行星的自转非常慢，在她的一天里，光是从日出到日落就要花去地球上两个月的时间。随着时间一小时一小时地流逝，阳光漫射的迹象也从一条地平线慢慢地蔓延到另一条地平线。但是，即使在一天中最明亮的时辰里，那

---

1 摄氏度 =（华氏度 −32）÷ 1.8，800 ℉约合 426.7℃。

儿也是昏天暗地的，好像处在薄暮冥冥的晚祷时分。到了夜晚，从来没有哪颗恒星或行星的光芒能穿透那道永久的屏障，闪耀在金星的夜空之中。

金星云层中真的包含了大大小小的硫酸液滴——硫酸以及带腐蚀性的氯化物和氟化物。它们形成酸雨，以一种名叫“雨幡”[1]的形式不断降下，但在有机会落到地面之前，又被金星那灼热干燥的空气蒸发上去。

科学家们猜测，每过几亿年，金星全球范围内地壳构造上的大动荡，会为云层注入新的硫黄成分，并导致云层重构；除此之外，这些云层可能就从未稍离。

用紫外线成像可以看到，金星云层的最顶层呈现出黑色旋涡。这些印记变化迅速，表明云层在高速翻滚——每小时约 220 英里——它们在强劲的大风吹送下，4 个地球日就可绕着金星转一圈。沿着大气层往下，风力会逐渐减弱；等到了金星表面，就不怎么刮风了，风速不过每小时 2～4 英里，像是在行星上缓缓爬行。

不管刮得急不急，风在任何时候都是往西方刮的，这与金星自转的方向一致。与所有其他行星不同，金星的自转是由东向西的，尽管她在绕太阳公转时，与他们同样是向东的。如果可以在金星上观看日出，就会发现太阳从西方升起再由东方落下的奇景。天文学家将这种逆转现象归因于金星所遭受的某次剧烈碰撞，认为它在金星成形初期就改变了金星的自转方向。设想中的这次撞

1 雨幡（virga），自云底下落、但在到达地面以前已蒸发了的降水尾迹。

击还可解释金星的自转速度为什么那么低，不过也可能是因为太阳在金星大气的汪洋大海中掀起了潮汐，阻碍了这颗行星的自转。

> 深藏在那妖艳的反光之下的
> 是足以烧沸铅块的高温，
> 是比地球大气强劲
> 九十倍的高压。
> 层层云盖与阴霾
> 也会吸呼，
> 宛如巨大的风箱，
> 四天完成一次吐纳。
> 但金星的茧壳可不是
> 孕育豆娘的欢乐蛹，
> 它不懂如何将生命诱进
> 沉默的幼虫身体。
> 它只是一层刺得人涕泪交流的大气，
> 厚达四十英里的硫酸、盐酸和氢氟酸
> 遍体汗出如浆，
> 像一个球形生物育养箱，
> 满盛着残酷、尖酸和唯我独尊。
>
> ——戴安娜·阿克曼《金星》

通过地基望远镜和一系列绕金星运行的宇宙飞船的雷达探测，

科学家终于撩开了金星表面那层神秘的面纱。在此之前，它已在火热的大气下面深藏了无数个世纪。这些“特使”中最精密的要算“麦哲伦号”（Magellan）*。它从1990年开始连续四年，对金星进行了每日8次的环球绕行。“麦哲伦号”飞船将金星模糊的面孔变成了清晰的地貌特征，其中多数被发现是形形色色的火山，矗立在熔岩铺就的平原之上。

“麦哲伦号”飞船突然辨别出数百万个金星地形，曾一度造成了命名危机。国际天文学联合会的因应对策是采用一套纯以女性名字命名的方案，从每种文化和时代中撷取一位女神或女巨人，并广泛征集真实的或虚构的女英雄。因此，金星的高地（相当于地球上的大陆）采用的是爱神的名字——阿佛洛狄忒高地（Aphrodite Terra）、伊什塔高地（Ishtar Terra）、拉达高地（Lada Terra），它们的数百个山丘和溪谷则用丰产女神和河海女神命名。大的陨石坑纪念的是一些著名的女性（包括美国天文学家玛丽亚·米歇尔，她在瓦萨学院天文台拍摄到了1882年的金星凌日），而小陨石坑则采用一些常见的女孩名字。金星的悬崖动用的是7位火炉女神的芳名，小山丘用海洋女神的名字，山脊用天空女神的名字，低处的平原用的是神话传说中的名字，比如海伦和吉尼维尔[1]，而峡谷则用月亮女神和狩猎女神的名字命名。

---

* 这艘宇宙飞船纪念的是葡萄牙探险家费迪南德·麦哲伦（Ferdinand Magellan），他筹划了首次环球航行，并在1519年率领5艘航船，由西班牙出发。尽管麦哲伦本人于航行途中，在菲律宾进行的一次战斗中被杀害，他船队中的一艘船及一队减员的水手完成了他的使命，于1522年返回了西班牙。

1 海伦（Helen）是希腊神话中引发特洛伊战争的美女，而吉尼维尔（Guinevere）是亚瑟王的妻子。

金星表面的地图上唯有大山脉——麦克斯韦山脉用了男性名字，它纪念的是苏格兰物理学家詹姆斯·克拉克·麦克斯韦，因为他 19 世纪时在电磁辐射领域进行了开创性的工作。20 世纪 60 年代，通过地基雷达探测到了金星上高达 5 英里的几座山峰；而这项成就之所以成为可能，得归功于麦克斯韦的远见卓识，因此将这些山峰归入他的名下也显得恰如其分。在发现麦克斯韦山脉之后的几十年里，它一直是金星上唯一有名有号的地貌特征，山脉两边较低的区域被简单地称作 α 区和 β 区（或“A”区和“B”区）。30 年后，“麦哲伦号”飞船抵达金星，它的发现引出了从女性历史中进行挑选的命名规则，但没有人想夺走麦克斯韦在金星上理应享有的地位。

是的，人群中的面孔，
和被唤醒的回声，
来自石眉大山的扫视，
还有水中舞动的波光——
我每一种游荡的感官都着了迷，
反过来向我大声通报我的感受，
真理的种种欢愉都在增强，
粉碎了让我自傲的一切。

——詹姆斯·克拉克·麦克斯韦《反思：来自不同表面的反射》*

* 这位物理学家有写诗的业余爱好，共发表了 43 首诗。

“麦哲伦号”飞船的雷达图像看上去很像夜晚的航空侦察照片，只是这些黑白画面提供的并不是地面的视觉记录，而是反映了金星显露出的美丽多变的构造：几十万个小金星火山，以明亮的（粗糙的）鼓包形式，凸显在深色调的（光滑的）平原背景之上。在巨型火山的两侧，鲜亮的（新近的）熔岩层垂挂在暗色调的（陈旧的）熔岩流外面。那些在雷达的图像中闪亮的山腰，似乎在夸耀山坡上装饰着一层反光的金属薄片，也许是黄铜——在几千英尺高处，温度较低，它们可以附着在金星岩石上。

通过定格在这些图像上的画面，金星也展示出了一些独特的怪异之处，比如：相互交叠的“扁平圆顶”（Pancake Dome）火山，从圆得令人惊奇的基底向上，演变出扁平的或稍微隆起的顶部；数目众多的“晕圈”（Coronae），那是一组组的同心环，围绕在众多的圆顶、凹陷和成群的小火山四周。奔涌的熔岩流曾经在她辽阔的平原上，挖掘出了弯弯曲曲的长河道。在她的高原地带，绵延几千平方英里的地质构造皱褶和断层，看上去像胡乱拼贴的瓷砖，现在被称作“镶嵌地块”（tesserae）。金星上由四处蔓延的熔岩和龟裂的地面所构成的图案，分别让科学家们联想起海葵和蜘蛛网，于是就产生了“海葵火山”（Anemone Volcano）和“蛛网地”（Arachnoid）之类的地理名词。

在积蓄了大量雷达照片后，金星专家将许多画面填上了颜色，以增加分辨率。他们选择了火红与硫黄系列的调色板，从苏联“金星号”飞船拍摄的第一组照片呈现出的赤褐色（russet）开始，依次用赭色（ochre）、红棕色（umber）、土黄色（sienna）、红铜色（cooper）、亮橙色（pumpkin）和金色（gold）作为主色调。这些鲜亮的颜色适合绘制灼热的景象，岩浆喷出形成的熔岩仍然保持着近似塑性稠度；一路拔高的山丘也没有完全硬化，跟太妃糖差不多。鲜艳的色彩适合具有年轻面容的行星，即最近（在5亿年以内）被真正的熔浆洪流重新粉饰过的行星，这些岩浆从地底喷出，掩盖住了她古老过去的几乎全部（约占85%）的痕迹。

金星新面孔上砸出的陨石坑相对较少，因为较之于太阳系刚形成的日子，在过去50万年里，陨石撞击的比例已大为降低。许多潜在的小入侵者在厚厚的金星大气中就已焚毁了，根本撞不上去。所以，只有很大的撞击者才有可能整块抵达金星表面。这些撞击会产生大量碎片，但是所有残片会像整洁的花彩一样落在陨石坑周边，仿佛受到了浓重空气的压制。与此类似，大气可能也平息了金星火山的狂暴——迫使它们以渗漏和泼洒的方式，而不是以具有爆炸力的喷发方式排出岩浆。

尽管“麦哲伦号”飞船在进行观测的几年里没有目睹过熔浆外溢的景象，但是金星上的一些火山可能还是活火山。目前，从金星喷气孔咝咝喷出的硫黄气体，还是能攀上行星外的云层，对它们进行扩充和维持，因而继续保证我们眼中的金星璀璨如故。金星曾因其纯洁无瑕的姣好容颜，成为英国浪漫派诗人的至爱。在描绘她闪耀在蓝色天鹅绒般的夜空中的视觉效果时，他们的诗句依然最传神——“永远是一种欢乐，”济慈吟咏道，“一道鼓舞我们灵魂的光。”[1]但是诗人在受金星野性之美的启发，写作新的金星颂歌时，将不得不采用模仿自然语言的“跳韵”[2]，也许干脆就不用韵了。

延伸资料

威廉·布莱克[3]在1789年写作了《金星颂》(*Ode to Venus*)，比发现金星上存在西风现象的时间要早得多。他诗中所提及的“你的西风”，指的是与金星同时出现的傍晚和风。

美国前总统吉米·卡特在担任佐治亚州州长时，曾将金星当成不明飞行物，向州警察局报了案。“二战”期间，一个B-29轰炸机中队的几名飞行员曾将金星误当作日本飞机，并试图将它从天空中击落下来。

位于圣马科斯（San Marcos）的西南得州大学的两位科学家——唐纳德·奥尔森（Donald W. Olson）和罗素·多舒切尔（Russell Doescher）——在2000年5月将他们天文学重点班（Honors astronomy class）的课堂搬到了法国。他们使用天象仪程序

---

1 选自约翰·济慈的诗篇《一件美好事物永远是一种欢乐》。

2 “跳韵”（Sprung rhythm）是英国诗人杰拉尔德·曼利·霍普金斯（Gerard Manley Hopkins）发明的一种复杂的诗歌格律，其详细介绍可参见 http://www.victorianweb.org/authors/hopkins/hopkins13.html。

3 威廉·布莱克（William Blake，1757—1827），英国诗人、彩画家、版画家和神秘主义者。主要诗集有《诗的描述》(*Poetical Sketches*，1783)、《天真之歌》(*Songs of Innocence*，1789)、《经验之歌》(*Songs of Experience*，1794)。神秘主义和预言性的作品有《塞尔书》(*Book of Thel*，1789)、《天堂与地狱的婚姻》(*The Marriage of Heaven and Hell*，1791)、《洛斯之歌》(*Songs of Los*，1789)。

（planetarium program）重构出了 1890 年夏的法国天空，并通过阅读梵高去世前几个星期写的书信、查询天气记录档案，成功地辨认出了画进油画《夜晚的白房子》中的那栋建筑物。[1]

金星上一个太阳日（solar day）的时间，即从一个正午到下个正午的时间，相当于地球上的 117 天，所以白天和黑夜各持续 59 个地球日。它的恒星日（sidereal day），即相对遥远的背景恒星自转一周实际所需的时间，相当于地球上的 243 天——比金星长达 225 个地球日的公转周期还要长。与金星一样，地球的太阳日和恒星日的长度也不相同：地球的太阳日要比恒星日长 4 分钟左右。

一个完整的金星年——从晨星一出现就隐没于太阳后面的时刻，再到晚星一出现就消失在太阳前面的时刻——共持续 584 天。这个时间周期形成了玛雅历法的基础。因为金星在 5 个地球年中绕行太阳 8 次，而在 8 年期间又会在地球和太阳之间穿行 5 次，所以在地球的天空中就有 5 种不同的长达 584 天的金星模式。玛雅人给每一种模式都命了名。

自 1919 年以来，为行星命名的权威机构是国际天文学联合会（IAU）。新卫星或其他天体的发现者可以对它们的名字提出建议，但是必须得到任务和工作组（task and working groups）的批准，并交由三年一届的 IAU 大会投票通过，方可最终生效。

1《夜晚的白房子》（*White House at night*）是梵高 1890 年的作品之一。这幅画在销声匿迹近半个世纪后，于 1995 年重新面世，现保存在俄国的贺米塔兹博物馆。在梵高的作品中，现已发现有 5 幅夜空的画作，另外 4 幅是：《星月夜》《有丝柏和星星的小路》《满天星斗下的罗纳河》和《夜间咖啡馆》。

第五章　地理（地球）

要绘制世界地图，得从宇宙中心开始。天文学家托勒密在公元2世纪开展他的地理项目时，正是由此入手的。公元150年，托勒密完成了他的天文学名著《天文学大成》，接下来就转入了为地球上8000个已知地点排定正确的相对位置的工作。他发现不掌握天空的知识，根本就没法绘制地图，因为他需要在太阳和星星的指引下，才能确定每个地表特征的位置。托勒密明白，没有天文学就谈不上地理学。

托勒密心目中的理想解决方案是：在几个彼此相距遥远的大城市里，观察自己的影子在一年中几个特定日子的正午时分会落向哪个方向；从一个季节变换到另一个季节时，看哪些星座会出现在那里的夜空中；并记录行星是直接从头顶上飞过，还是仅升到半空。唉，到目前为止，他还心有余而力不足。尽管众天球能定期地将太阳、月亮、行星和上千颗恒星转进他的视野，任他观察，可他还是没法弄清天涯海角地处何方。

身处亚历山大城的托勒密牢牢地立定在地图桌前，根据古代的（往往都是马马虎虎的）地图绘制师的地图作品以及一些絮絮叨叨的旅人报告来探索这个世界。于是，他从罗马军官言人人殊的描述中得知，从利比亚到“犀牛麇集”的国度，强行军需要三四个月，可是他们谁也没有提及中途休息了多少天，甚至连准确的行军方向都没有说明一下。

托勒密在他为地图制作者写作的入门指导书《地理学入门》（*Geographia*）中悲叹道：那些有机会旅行的人，要是能留意一下天文景象就好了！他说，利用每 6 个月可能出现一次的月食，一下子就可以确定东面或西面的一大串地理位置。可惜的是，正如托勒密所记录那样，对绘制地图或许大有助益的这种好机会，在过去的 500 年中都白白地溜走了，没有发挥应有的作用——上一次记录的月食发生在公元前 331 年 9 月 20 日，当时亚历山大大帝和波斯国王大流士正在战场上一较高低。观察者注意到，在入夜后的第二个小时，迦太基（Carthage）上空出现了令人难以忘怀的月食，而在更远的东方，亚述王国的首都阿贝拉（Arbela）入夜后第 5 个小时也看到这一天文现象。从这些事实，托勒密（正确地）推断出两个城市间的距离为经度 45°。*

为了测量在赤道以南或以北的纬度，托勒密采用了数星星的办法——看哪些星星从固定区域升起和落下的时间在一年中会发生变化；哪些星星既不会升起也不会落下，但总是在夜幕降临时出现；以及哪些星星在某地从来见不着，但在另外的地区却广为

* 因为地球表面一圈 360°，而每 24 小时转一圈，托勒密计算出每小时的时差是 360° 除以 24，即经度 15°。

人知。比如在北纬63°、白昼最长可达20小时的图勒岛[Island of Thule，即设得兰群岛（Shetland Islands）]，没有人看到过天狼星在仲夏时重返天空；而在埃及，这个天文事件的出现标志着尼罗河洪水泛滥。

托勒密假设世界的周长为1.8万英里。公元前240年，他的前辈埃拉托色尼（Eratosthenes）通过比较夏至那天尼罗河畔两个城市里的影子长度，将地球周长过高地估算为2.5万英里。但托勒密更赞同波塞多尼奥斯（Poseidonius）稍近时的工作——公元前100年左右，波塞多尼奥斯通过观察星星，成功地降低了地球尺寸的估计值。

托勒密的《地理学入门》指导人们如何制作地球仪，也教他们在制作地图时如何将球面投影到平面上。然而，托勒密所说的“已知世界”——“有人居住的世界”，或“我们这个时代的世界”——只占据了半个地球：从非洲西海岸外的极乐岛，向东穿过“恒河彼岸的印度”，一直延伸到丝绸之路的终点“丝都”；再从波罗的海附近的“未知的斯基泰人之地”向南，直到蓝尼罗河与白尼罗河的交界处[1]。在托勒密的描述中，有一些地区超出了这些熟悉的边界，于是非洲南部靠近赤道的大陆被拓宽成一大片空白地带，在南回归线处又含糊不清地展开成了一个未被发现的国度——它往下延展到了地图的南边界之外，向上又延伸到印度洋的远东边界，与中国接壤。这是一个完全由陆地包围起来的世

1 极乐岛（Islands of the Blest）是希腊神话中好人死后居住的岛；丝都（Sera）即丝绸之路的起点洛阳；斯基泰人（Skythian）是中亚到黑海一代的游牧民族。

界，环绕所有海湾和海洋四周的都是帝国及总督辖地，因为向托勒密提供资料的人都不曾冒险远航，没有实际体验过洋面到底有多辽阔。

托勒密在《地理学入门》中说："对于人们尚未通晓的各门学科——无论是因为其覆盖范围太广，还是因为其本身尚在不断地发展变化，时间的流逝总是可以让开展的研究变精确许多；而世界地图的绘制正是如此。"

岁月流转千年之后，世界地图也从托勒密构想的形状，变成了以耶路撒冷为中心的一个圆。现在"天国"强加给人类一个新的地理中心，以指引朝圣的香客和十字军战士前往圣地。尽管托勒密已将地球仪的方位定为上北下南，天主教堂眼中的新世界却沿逆时针方向转了四分之一圈，让东方居于上方。

在这幅广为流布的"古世界地图"（mappa mundi）上，世界被分成大小不一的三块，诺亚的三个儿子各得一块：亚洲占了上半部分，而欧洲和非洲则并排着占据了下半部分。三块陆地的边界看上去像是在字母"O"里填了一个字母"T"——亚洲的下边界沿着直径将这个圆一分为二，而欧洲和非洲的分界线又将下半球分成两半。这两道分界线交叉的地方就是耶路撒冷。

这幅古世界地图摒弃了原来按经纬度排列地理位置的做法，以体现出一种新的全球观，并在上面装点了一些有关今生来世的零碎知识。建于1300年左右的英格兰赫里福德天主教堂（Hereford Cathedral）里面，就挂着这样一张地图。那上面标出了天堂之门、巴别塔、停泊在亚美尼亚的诺亚方舟，以及罗得的妻子变成盐柱的具体位置[1]。地图上还画出了40种动物，有神话传说中的，也有实际存在的，都画在各自的自然栖息地附近，并讲述了它们的传奇故事。这中间有人头马、美人鱼、独角兽、“守护金沙的巨蚁”、可以“透视墙壁，并在黑石上撒尿”的猞猁。更奇特的是，地图上还画出了50种“魔族人”，比如“和狮身鹫首的格里芬怪兽（Griffin）作战，以夺取翡翠”的阿里玛斯波伊人（Arimaspi），以及嘴巴和眼睛都长在胸膛上的布莱梅伊人（Blemyae）。这些异邦人缺乏基督教主张的美德，甚至都没什么人性。唯有亚洲的可辛纳人（Corcina）还令人回想起旧时托勒密的地理课，因为据说可辛纳人的影子“冬天时落在北方，而夏天时则在南方”，这表明他们居住在热带地区。

半个地球就足够容纳古世界地图上的全部人口了。在可见的陆地四周环绕着一个大洋，这些水想必是在背面流来流去吧。古世界地图也许看起来像个画在上等犊皮纸上的扁平圆盘，但它表示的是个球体。哥伦布面临的挑战不是说服那些质疑者地球是圆的，而是让他们相信地球比他们想象的要小。

哥伦布知道，葡萄牙的航海家们估计地球周长少说也有2.4万英里，但他还是支持托勒密的观点，坚持认为地球的周长只有1.8万英里[2]。作为对他们的公然挑战，他打赌说，他的水手在死于

---

1 天堂之门、巴别塔、诺亚方舟和盐柱都典出《圣经》。比如，《旧约·创世记》中记载，耶和华毁灭所多玛和蛾摩拉城时，罗得的妻子没有听从上帝的告诫，回头看了一下，于是就变成了盐柱。

2 现在公认的地球赤道周长为40 075.7千米，子午线周长为40 008.08千米，大致为24 860英里。但是，正是过低地估计了地球周长才促使哥伦布勇敢地出海航行。

饥渴前就可以横渡那片未知的水域。

不过按官方的说法（哥伦布在航海日志里也这样承认），他率领的是一个宗教使团。他受“最虔诚、最高尚、最杰出、最有权势的王族”——西班牙国王和王后派遣，“以我主耶稣基督之名”，“前往印度各地，拜见那里的王族，见识当地的风土民情，了解他们的习性，并摸清一切情况，以寻求让他们皈依我圣教的方法”。

凭着以往的航海经验和自己对地理的兴趣，哥伦布发誓要好好地把握这次独特的机会：“我提议制作一张新的航海图，在它上面标出大洋海[1]中所有海域及陆地的正确方位。而且，我还要将它们汇编成册，并按经纬度将所有东西绘制在地图上。为了实现这个目标，我首先得废寝忘食，将大量精力投入航海上。”

与此同时，哥伦布还必须消除与之随行的水手和官员们内心的恐惧，他们有 90 多人，分乘三艘航船。

“今天我们完全看不到陆地的踪影，”他在 1492 年 9 月 9 日（星期日）那天这样写道，“许多人又是哀叹，又是痛哭，担心会有很长一段时间见不到陆地。我向他们许下承诺，一定会找到新的土地和财宝，以此来安抚他们。为了让他们心存希望，并打消他们对远途航行的恐惧心理，我决定在计算时对我们的真实航行距离打个折扣。这么一来，他们就不会觉得自己离西班牙有实际的那么远了，不过我自己还是会秘密地记录一个正确的航行距离的。”

1 大洋海（Ocean Sea）即现在的大西洋，在哥伦布出航的年代“大西洋”这个名称还没出现。

在加勒比海的群岛登陆时，哥伦布确信自己已抵达印度。在岛上看到的任何东西，都无法动摇他坚定的信念。“这里的林木和植被，就像四月的安达卢西亚（Andalucía）平原一般青翠，小鸟啁啾，令人唯愿长驻此间。”他在 10 月 21 日这样写道：“成群的鹦鹉遮天蔽日，大大小小的鸟类品种繁多，且与我们家乡大异其趣，不禁令人啧啧称奇。此外，还有上千种树木，各依其类，结着各式各样的果子，散发出阵阵美妙的芬芳。我完全确信它们都很有价值，却说不出个所以然来，我真是普天下最悲哀的人啊。我只好竭尽所能，为每件东西都采上一个样本。”

虽然可以肯定哥伦布并非博物学家，但他却一再提到了鹦鹉。因为古世界地图上标明印度出产这种长有绿毛和紫毛的鸟儿，这似乎也证明他确实到了目的地附近的某个地方。他认为，当地土著口中那片可能需要 10 天航程才能抵达的“大陆”一定是印度。他在 10 月 27 日登陆古巴的前一天断定：“古巴”就是“日本的印度名”。

哥伦布在为他新发现的地点命名时，选的都是他的赞助者和其他君王的名字：圣萨尔瓦多岛、圣玛丽亚无垢怀胎岛、费尔南迪纳岛、伊莎贝拉岛。他一边沿着群岛航行，一边给它们命名，但因为有一艘船搁浅，还有一艘阴谋叛乱，他最终未能遍历全区。

就在哥伦布载誉返航的途中，一场二月风暴挟着魔鬼般的力量从海上袭来。哥伦布担心自己还来不及向国王报告自己的发现就已葬身鱼腹，于是赶紧绘制地图。他将羊皮纸地图包进涂过蜡的布里，再把布封进木桶中，然后连桶带图一起抛入大海。这样就算他淹死了，发现他留下消息的人，还是可以告知国王“上帝曾怎样赐我以胜利，满足了我对印度群岛所期许的每个心愿”。

实际情况刚好与此相反，地图在暴风雨中不知所终，而它的绘制者却存活了下来，后来还以大洋海舰队司令和印度群岛总督的身份，三次率船队西征。经历了所有这些探险航行，哥伦布从未承认过自己发现了什么新大陆，而是坚持认为他不过是找到了一条通往东方的捷径。只有等到他去世后，世人才明白哥伦布的伟大发现已经将地球划分为旧大陆和新大陆两部分，于是他的遗骸在大西洋上被一再地漂来送去，进行第二次、第三次的重新安葬。

慢慢地，远方海岸的轮廓开始显现。刚开始时，被标为“佛罗里达”的那块土地一直无依无靠，像块裹尸布似的，漂在哥伦布的伊斯帕尼奥拉岛（Hispaniola，即今天的海地和多米尼加共和国）上方，后来佛罗里达的边界线的末端连到了一块更大的陆地上。1507 年，“亚马利加”[1] 这个地名首度出现在更广阔的新世界地图上。这块土地借用的是亚美利哥・维斯普奇（Amerigo Vespucci）在受洗时所取的名字，这个意大利商人兼航海家经常往返此地。维斯普奇曾随葡萄牙人和西班牙人一道西航过，他利用双方的敌对情绪，大胆地宣布：他们那些东一片西一片的领地，实际上是一块如假包换的新大陆，跟亚洲毫不搭界。

起先，维斯普奇的名字“亚马利哥”只用于称呼新大陆的南

---

1 “亚马利加”（America）后来演变成了广义的“美洲”新大陆或狭义的“美国”。

半部；但随着各国探险家争先恐后地向北推进，想看看那外面的世界是怎样一番景象，新大陆的北半部也被包进了这个名字中。

在开疆辟土的争夺中，西班牙后来取得了一次重大胜利——1513 年 9 月，西班牙冒险家巴波亚（Vasco Nunez de Balboa）发现了太平洋。他一看到太平洋，就狂喜不已，在巴拿马一座光秃秃的山顶上跪下来感谢上帝。他花了好几天时间才由扎营处穿过森林，下到海边，并从那儿走入水中，为这片海域施了洗礼。巴波亚拔剑举盾，对着这片海洋及其冲刷的每寸土地，高呼西班牙的名字，仿佛已经知道半个世界就在这片大洋的怀抱之中。

1520 年，费迪南德·麦哲伦率领 5 艘西班牙船舰进入太平洋，在千辛万苦中深切体会到了它的广阔——

麦哲伦手下的意大利领航员皮加费塔（Antonio Pigafetta）这样描写这次横渡："我们已经有 3 个月又 20 天没吃到新鲜食物了。我们吃了饼干，但那已不能算饼干了，都是些生满虫子的饼干屑，好的部分早就被它们啃光了。饼干还散发着老鼠尿的恶臭。我们喝的是沤了多日的黄水。还以牛皮果腹，这些牛皮原本盖在主帆桁[1]上，防止它磨损横桅索（shroud），后来经过日晒雨淋，都变得异常坚硬。我们把牛皮在海水里泡上四五天，然后放到余烬上烤一烤，就送下肚去。我们也常吃木板锯屑。老鼠每只卖到了半个达克特[2]。即使身价这么高，我们还逮不着它们。"

1 主帆桁（mainyard），两端逐渐变细，横过桅杆放置的长圆木，供支持并撑开四角帆、三角帆或横帆之用，或供升信号旗之用。

2 达克特（ducado），旧时欧洲一些国家通用的一种金币。

在这股探险热潮中，一名波兰教士在1543年发表了一部著作，将整个世界推到了一个新的位置上。哥白尼的《天体运行论》将地球从天球中心那个岿然不动的宝座上扯了下来，再置于金星和火星间的轨道上绕着太阳运行。哥白尼这种观点，离经叛道，千夫所指，差一点就惨遭扼杀。然而，出乎所有人的意料，不到100年，太阳就真的成了宇宙中心，而我们所处的世界则成了一颗漫游的行星。

这颗新行星难道不配有个名字吗？尚普兰（Champlain）可以给自己发现的湖命名[1]，哈得孙也能给自己发现的海湾命名[2]，那么这颗新发现的会移动的星球，为什么就非得受一个陈旧而不准确的名字拖累呢？“地球”这个名称让人联想起古人将常见事物划分为土、水、风、火四大元素的做法。其中，土元素最重也最缺乏天国气息。按照这种划分方案，水在土上流淌，风在水和土上吹拂，而火则借风升腾，直抵各天球的门口。在天球中，行星和恒星代表着构成宇宙的第五种元素——精神（quintessence）。天体图上的世界次序都已发生了变化，“地球”（the earth）难道就不能从神话中选一个更合适的名字吗？但现在才想要甩掉旧名，为时已晚，就连把“地球”中的“地”字改为“水”字都来不及了——虽然在我们所处的这颗行星上，四面八方随处可见海洋时

---

1 尚普兰湖，美国第六大淡水湖，以法国探险家萨缪尔·德·尚普兰（Samuel de Champlain）命名。尚普兰湖位于纽约州和佛蒙特州交界处，群山环绕，是世界最迷人的湖泊之一。湖面积有1130平方千米，水平最宽处约19千米，全长近200千米。

2 哈得孙海湾，哈得孙河入海口的纽约湾，以其发现者、17世纪初的英国航海探险家亨利·哈得孙命名。

而平静、时而活跃的身影。

地图绘制者在地图上表示海洋的大片空白区域中，装点了航船、鲸鱼和海怪，以及鼓着腮帮子吹起大风的小天使；地图名和图例，都安放在一个大小与某些国家面积不相上下的精致涡卷形图例框（cartouche）里。

如今每张地图上，至少都绘有一枚指示方向的罗经花（compass rose）。这是一枚以金箔、靛青和洋红着色的花朵状徽章，它的 32 片花瓣各指一个可能的风向与航向。罗经花实现了蜿蜒曲折的探险路线上所需要的全部航海日志缩写——东北东（ENE）、西南南（SSW）、西北偏北（NW by N）等——并真实地反映出了规定这些记号的磁罗盘（指南针）的刻度盘。

自从 13 世纪或更早时候以来，指南针就成了海员们不可或缺的帮手。指南针可以帮助他们找到北极星，即使它被乌云遮蔽——哪怕船只航行到了很南面的地方，以致那道指引方向的星光落到了地平线下方。许多人以为指南针的指针一定是受了北极星的吸引，要不就是受了北极星附近天空中某个不可见点的吸引。

但实际情况并非如此，地球本身就是一块大磁铁，吸引所有指南针指向它的铁芯。1600 年，英国医师吉尔伯特（William Gilbert）做实验时发现了事实的真相。他用一个小磁球模拟地球，向伊丽莎白女王演示了这个结果。吉尔伯特还讽刺了当时普遍遵守的一个禁忌——不许将大蒜头带上船，他证明不论是用大蒜气味熏还是将蒜泥直接抹在指南针上，都不会减弱它的磁力。

地球的磁性让吉尔伯特和其他一些人猜测，将行星保持在轨道上的力量可能就是磁力。1687 年，牛顿提出了万有引力学说，将吉尔伯特的行星际磁力学说淘汰出局，但地球的磁性依然有望为导航提供更多帮助。指南针通常指向北方，但在地球上某些地方可能会指向正北方略偏东的方向，而在另一些地方却略偏西。哥伦布在出海航行时曾注意到这种偏差，他当时还担心是自己的仪器出了问题。到了 17 世纪，人们在积累了丰富的航海经验后，觉得这个现象也许有进一步开发利用的价值。或许可以记录指南针在不同地点的“磁偏”角度，并根据偏角的大小，把毫无特色的汪洋大海划分成不同的磁区，从而让水手在海上连续航行数周或数月时，也可以确定自己的位置。为了探讨这种可能性，英国头一次进行了以纯科学考察为目的的航行，带队的是英国天文学家哈雷（Edmond Halley），他也是唯一一名曾获得皇家海军舰长职位的皇家天文学家。

在 1698—1700 年，哈雷两度率探险队横渡大西洋，并抵达了大西洋的最南端和最北端，直到船队在迷雾中受到冰山阻挡，无法再前进为止。由哈雷特别设计的平底船“帕拉莫尔号”（Paramore）在非洲外海——后来又在纽芬兰附近——被英国商人和殖民地渔民误当成海盗船，而险遭自己人的枪炮袭击。

在哈雷 1701 年印行的彩色地图上，以长短宽窄各不相同的曲线，绘出了洋面上向东或向西偏转的地磁偏角度数。大西洋周边陆地的唯一作用就是给这些头等重要的曲线固定位置，以及放置涡卷形图例框，而那里面的棕榈树、缪斯女神和光身子土著们，统统都从繁忙的水域挪上了空荡荡的陆地。

哈雷坦白地总结道：用地磁偏角为水手确定经度的做法，并不会收到多大的实际效果。他还预言，随着时间的流逝，他精心绘制的这些曲线的位置必然会因为地球深处的运动而发生变化。哈雷（很有先见之明地）预见到，地球内部交替地分布着固态壳层和控制磁性的熔融态物质层。

虽然哈雷本人和他的海员伙伴们都对他的磁偏角地图感到失望，但这张地图却引发了地图绘制史上的一次革命。具有相同数值的各点所连成的曲线（在接下来的百余年中都被尊称为哈雷线），在印制的地图上加入了第三个维度。哈雷绘制的其他图作——南半球的星空图、信风图和 1715 年的日食路径预测图——都因标新立异而遭受非议。哈雷这家伙，如果有办法测量出地球与太阳之间的距离，一定会把整个太阳系都绘进地图的。*

哈雷利用金星凌日这一特殊天文事件，找到了进行这种关键性测量的方法：通过在全球相距很远的一些地点观察金星凌日，并记下它的发生时间，科学家就可以对天空进行三角测量，计算出地球到金星的距离，然后再据此推算出地球到太阳的距离。哈雷预测，在 1761 年和 1769 年都会出现金星凌日现象。然而，哪怕是想亲眼目睹一下这对现象中先出现的那一次，他也得活过 105 岁才行。尽管金星每 8 年会在太阳和地球之间穿越 5 次，但因为金星轨道相对地球轨道倾斜了 3.5°，落在我们眼里，她往往

---

* 开普勒在 1609 年所发表的行星运动第三定律，只是基于行星的公转周期，用各行星间的相对距离进行了表示。实际距离还没有计算出来。

不是在太阳上方穿过，就是在太阳下方穿过。如果要看到金星凌日现象，金星必须在自己与地球的轨道平面交错时穿越太阳——也就是说，这一切必须发生在地球轨道平面与金星轨道平面相交的那两个日子之内。受这些严格条件的限制，8 年间可以相继发生两次金星凌日现象，但每个世纪只能出现这么一对。

1716 年，哈雷在写到将要出现的金星凌日现象时说："我极力敦促勤勉的天文观察者们（这样的景象将留待他们观察，因为那时我业已告别尘寰）牢记我的劝导，积极投身其中，竭尽所能，进行必要的观察。"

1761 年 6 月，哈雷预言的第一次金星凌日发生了，但他的追随者们却面临着各种天灾人祸——敌对军事力量、季节性大雨、痢疾、洪水以及严寒——遍布非洲、印度、俄国和加拿大等主要观察点以及数个欧洲城市。而且，乌云笼罩着大多数远征区域，天文学家没能获得清晰的观察结果，所以人们对即将在 1769 年出现的第二次机会给予了更大的关注。这一次，各国共派出了 151 名官方观测员，奔赴全球 77 个地点进行观察。

每个观测团体都必须记录金星凌日的 4 个被称作"接触点"（Contact）的关键时刻，也就是金星边缘与太阳边缘接触的 4 个时间点。[1] 第一次接触是金星与太阳圆盘的外缘相接。接着马上是第二次接触，此时金星完全进入太阳的怀抱。但是要花上数小时，才能达到太阳盘面的远端边缘，并与之发生第三次接触。到发生

1 套用日食的术语，这 4 个关键点相当于初亏、食既、生光和复圆。

第四次接触时，金星已全身退出太阳，并处在彼此分离的边缘了。

在乔治三世岛（塔希提岛），负责英国皇家学会这次重要观察任务的人是海军上尉詹姆斯·库克（James Cook）。他在前一年即1768年的8月就由英格兰出发，以便及时赶去做好准备工作，包括在那儿建造一座牢固的天文台——金星堡（Fort Venus）。

“［1769年］6月3日星期六。对我们的观测而言，今天的条件是再合适不过了，整日万里无云，空气澄澈，因此我们在观察金星穿越太阳盘面的整个过程时，占尽了天时地利：我们非常清晰地看到，在这颗行星的星体周围，包裹着一圈大气或者一层朦胧的阴影，这对观测四个接触点（尤其是位于太阳盘面内那两个点）的确切发生时间产生了干扰。索兰德博士（Dr. Solander）和格林先生（Mr. Green）与我一起进行观察，但我们记录的接触点时间彼此相去甚远，真是匪夷所思。格林先生的望远镜和我的倍数相同，但博士的望远镜倍数比我们的都高。”

与库克这伙人一样，世界各地的天文学家都碰到了这个难题，他们无法确定金星进入和离开太阳盘面的准确时间，这不是哪个人的过错。即使是当时最好的光学仪器，也存在种种局限性，对每个人的观察结果都会产生负面影响。不过，他们将地球到太阳的距离界定在9200万至9600万英里之间，光凭这一点，国际天文界就该心满意足了。

接下来，库克将注意力从金星转向他接受的第二项（同时也是秘密的）使命：穿越冰洋，寻觅广袤的南部未知地域（Terra Incognita）。他什么也没找到，于是就返航了。但在1772年，他再度展开了发现之旅。在冰天雪地中奋斗了三年之后，被提拔为船长的库克，已能很老练地让航船经常性地转向迎风面，以抖落船帆上的积雪。

"[1775年]2月6日星期一。我们继续朝南和东南方行驶。到中午时分，我们来到了南纬58°15′、西经21°34′。那里看不到陆地，也看不到任何存在陆地的迹象。由此，我得出结论：我们先前所见并被我命名为三明治兰（Sandwich Land）的那个地方，如果不是群岛之类的东西，就是大陆一角，因为我坚信南极附近有一大块陆地——散布在南方大洋海面上的冰块大多源于此地……我指的是相当辽阔的一片陆地……不过，这块南方大陆（如果存在的话）最主要的部分肯定位于南极圈内，那里的海域满是浮冰，我们无法接近。"

库克对经纬度的估算比以往任何一位探险家都要精确。通过追踪月亮和群星位置的变化（这是哈雷帮忙开发出来的一种方法），并在一台新计时器[1]（它和放在祖国格林尼治天文台的标准时钟保持同步）的协助下，库克精确地知道自己所处的位置。他的地图为世人指明了如何从火地岛的成功湾（Success Bay）——他在此处获得木柴和淡水的供应——到达澳大利亚的植物学湾（Botany Bay）——他之所以这样给它命名，是因为当地有丰富的新植物品种——和新西兰的贫穷湾（Poverty Bay）——库克发现那里"没有一样我们想要的东西"。[2]

---

1 即约翰·哈里森发明的那种航海钟（精密时计），详情可参见作者的另一部作品《经度》。

2 Botany Bay 和 Poverty Bay 有时也音译为"博特尼湾"和"波弗蒂湾"。

那些满载测量仪器的船舰，不仅可以横渡大洋，还能沿着海岸线贴近陆地航行，进入河口。如今，它们开始以前所未有的高精度对新世界重新进行测量。这正是英国皇家海军“小猎犬号”（H. M. S. Beagle）在1831年的任务。该舰舰长在出发时携带了22台当时能筹集到的最佳精密时计（chronometer），也就是库克在第二次航行时盛赞过的那种计时器。“小猎犬号”打算前往南美洲进行周密的考察，然后经东印度群岛绕道返航回国。舰长罗伯特·菲茨罗伊（Robert Fitzroy）希望找位绅士结伴同行，这人最好和他一样对地质学和博物学感兴趣，而且能自付旅费。年方22岁的查尔斯·达尔文报了名，他当时大学刚毕业，对自己未来的职业还有点拿不定主意。

达尔文在“小猎犬号”上饱受了晕船的折磨。虽然不论在哪个海港，他都可以自由而合法地下船离去，但他还是坚持完成了历时5年的整个任务期。他应付晕船的办法就是，在菲茨罗伊绕着阿根廷、智利、福克兰群岛[1]和加拉帕戈斯群岛[2]的海岸绘制地图时，尽量待在岸上。

达尔文在报告他1832年夏天的行踪时说：“我在马尔多纳多[3]逗留了10周，在这段时间里，我采集到了一组近乎完美的兽类、鸟类和爬行动物的标本。我想描述一下我前往波兰科河的一次短途旅行，该河位于马尔多纳多北面约70英里处。顺便提一下，我

1 福克兰群岛（Falkland）即位于南大西洋的马尔维纳斯群岛。

2 加拉帕戈斯群岛（Galápagos Islands）又名科隆群岛，属厄瓜多尔，位于太平洋东部，跨赤道两侧。1835年查尔斯·达尔文曾到岛上考察，对论证自然选择学说起到了很大作用。

3 马尔多纳多（Maldonado），乌拉圭东南部城镇。

以 2 美元（约合 8 先令）一天的价钱，就雇到了两名马夫和十来匹坐骑，可见这个国家的物价有多便宜。我的同伴们个个全副武装，配备了手枪和马刀。我原以为这种预防措施纯属多此一举，但后来听到的第一则新闻就是：前一天，有位从蒙得维[1]来的旅人死在路上，喉管被割断，而且就发生在为标示上一宗谋杀的地点而竖立的十字架旁。”

尽管有爆发局部战争的危险，达尔文还是宁愿待在岸上，而不是随船航行。

“[1833 年] 8 月 11 日。一位住在巴塔哥尼亚地区（Patagones）的英国人——哈里斯先生、一名向导和 5 位因公务前往部队的高乔人[2]与我结伴同行……我们刚涉过第一道泉水，就看到了一棵名闻遐迩的大树。它被印第安人尊称为‘瓦里楚（Walleechu）的祭坛’……我们在距离这棵奇树约 2 里格[3]的地方扎营过夜。这时，目光像山猫般锐利的高乔人发现了一头倒霉的母牛。他们马上起身追赶，只花了几分钟就用生牛皮细索把它拖回来宰了。如此一来，我们就具备了野外露营（en el campo）的四大要素——马儿啃食的草地、水（只是些泥坑里的浑水）、肉和柴火。看到这些‘奢侈品’全都齐备了，高乔人兴高采烈；我们很快就动手料理起那头可怜的牛来。我是头一次在露天下过夜，而且还以马具为床。

1 蒙得维（Monte Video），今乌拉圭首都。

2 高乔人（Gaucho），又名高卓人，是拉丁美洲民族之一。分布在阿根廷潘帕斯草原和乌拉圭草原以及巴西南部平原地区。属印第安人和西班牙人的混血人种，保留了较多的印第安文化传统。讲西班牙语，信仰天主教。从事畜牧业，习惯于马上生活，现多为牧场工人。高乔人生性好动，热情奔放，骁勇善战，且非常好客。

3 里格（League），英国旧时长度单位，1 里格相当于 3.0 英里或 4.8 千米。

高乔人的独立不羁颇让人欣赏——他们能随时勒住你的马头说：'我们就在这儿过夜吧。'平原上一片寂静，几条猎狗在放哨，高乔人围着火堆躺着，草原上头一夜的情景在我脑海中留下了深刻的印象，永难磨灭。"

达尔文在返回英国后，还有充裕的时间结婚生子和为儿女们操劳；他将一连多年沉浸在自己的思想世界中细细琢磨，并在从加拉帕戈斯群岛带回来的鸟皮和其他纪念品的帮助下，凭着敏锐的洞察力，最终揭示出了生物多样性的奥秘。

眼下，他还在寻觅化石、"作地质考察"、攀爬安第斯山脉，思索是什么样的力量，经过多个世代的作用后，能顶起如此巨大的一条山脉，或将它们碾磨成砂砾，或让它们颤抖。

"[1835 年] 2 月 20 日。今天在……瓦尔迪维亚（Valdivia）的历史上，是个令人难以忘怀的日子，因为那里发生了大地震。连当地最年长的居民都没有经历过如此强烈的地震。我刚好在海滩上，正躺在树林里休息。地震来得非常突然，持续了 2 分钟，但感觉却很漫长。地面的晃动非常明显。我和我的伙伴都觉得震波来自正东方，而其他人却认为是从西南方传过来的，可见要分辨出震动的方向有多么困难。地震时保持直立并不难，但周遭的运动让我头晕目眩，感觉像是坐上了处于交叉波痕（cross ripple）中的航船……"

事实上，各大洲本身也在漂移。它们就像搭乘在不断移动的大块地壳上的乘客一样。1912 年，德国地质学家魏格纳（Alfred Wegener）解释道：南美洲东海岸的地形刚好可以和非洲西海岸互补，因为这两块大陆原本就是同一幅“拼图”中相邻的两个片。在史前时代，它们唇齿相依、骨肉相连，同属魏格纳所谓的“泛古陆”（Panga，意即“全部陆地”），四面八方则是浩瀚的“泛古洋”（Panthalassa，意即“全部海洋”），后来因受到地质力量的牵扯才分开。

如今，新旧大陆还在沿着大西洋中间那道越裂越宽的裂缝，继续往两旁漂开；而来自地球内部的熔融物质则不断从裂缝中喷涌而出，在洋底铺成新的海床。随着大西洋的扩张，太平洋在缩小。在秘鲁、智利、日本和菲律宾等国家躁动不安的海岸下，古老冰冷的海床又被投入地球炼狱般火热的内部，随之而来的是地震和火山，有时还会引发灾难性的大海啸。

洋底在不断地循环再生，没有哪块地方的年龄超过了两亿年。相形之下，各大洲的陆地长久以来一直处于顶层，虽然受了些腐蚀，但到出世 40 亿年之后的今天，基本上还是完好如初。各大板块相互碰触时，产生的应力只是让地壳变形发皱，并没有将一块压到另一块下面：阿巴拉契亚山脉（Appalachian Mountains）就是远古时代非洲和北美洲相互碰撞的明证；而喜马拉雅山还在经受着挤压，因此甚至时至今日它的海拔仍在增高。

潜水艇和宇宙飞船所作的现代探测显示，无关政治的真正的地球分界线网络深藏于海底。洋中脊峰（mid-ocean ridge）和与之相补的濒岸海沟（coastal trench）将地球表面切割成 30 来个板块，每一板块各载着一片大陆和一部分海床。地球诞生的狂暴过程中遗留下来的滞留余热（pent-up residual heat）和持续的放射性衰变，使这些板块相互分离、碰撞、摩擦，并造成了板块格局的变化。

地震时穿透地球的地震波，可以让我们非常深入地对地球内部进行探索。地震波告诉我们，大陆和海床其实只是地球表面薄薄的一层，即地壳。在海底某些地方，地壳很薄，厚度仅有 1 英里左右；而大陆下面的地壳，平均厚度均在 20 英里以上。总的算来，地壳只占地球质量的 0.5%，地球大部分（约占 2/3）的质量集中于地壳与地核之间流动的石质地幔。在地球中心，由铁和镍组成的地核有一部分已经冷却成球状的固体。地震学家可以听到这个球体在熔融态的外核里独立地旋转，每天都比这个世界的其他部分快将近 1 秒钟。

与深藏地球内部的分层地质构造类似，地球外围不可见的大气也被划分成数层：由高度较低的对流层向上，分别是平流层、中间层和最顶上的暖热层[1]。从太空中，可以画出环绕地球的磁场和辐射带。同样，位于太空的全球定位卫星网络可将地球上的各个地点，甚至单个的人，定位在数厘米之内。而通过“阿波罗号”宇航员放置在月球上的激光反射器，还可测出地球到月球的精确距离。

如今人类对于地球在太空中的位置已了如指掌，因此，最近发生在 2004 年 6 月 8 日的那次金星凌日，竟被当成吸引游客观光的一大卖点——那可是百年不遇的好机会，还没有哪个在世的人

1 大气的分层标准不一，不少资料将大气分成对流层、平流层、中间层（中层）、暖层（热层、热成层、暖热层或电离层）和散逸层（外层）。

看到过这种天文异象，要知道上次金星凌日现象可是发生在 1882 年 12 月 6 日。在这两次金星凌日之间，人类认识的世界已经大大扩充，其中包括了太阳系的其他行星、银河系中的系外行星以及银河本身的构造——它螺旋形的臂膀怀抱着数十亿颗恒星，在太空中一道飞旋。如果在无限的宇宙中看得更深更远，就会将其他的星系也纳入我们的本星系群（local group），由星系组成的星团和超星团在空间上向外伸展，在时间上又会回溯到宇宙诞生的那一刻。然而，即使对周遭环境有了如此复杂的感知，我们能捕捉到的也只不过是当前这一刹那的自我意识，就像托勒密的地图一样。

延伸资料

甚至在托勒密以前，地图绘制师就已将经纬线的概念应用在天球（heavenly sphere）和地球上了。托勒密引入了一个以度来表示的统一坐标系。但是，直到 17 世纪后叶，人们才具备了确定经度的能力，而对海上的人而言，这个问题在接下来的 100 年里也未能得到妥善解决。

托勒密的《地理学入门》在后世以手抄本的形式幸存了下来。现存最古老的手抄本是 13 世纪的。

1828 年，美国作家华盛顿·欧文在《哥伦布的生活和冒险历史》一书中，将哥伦布描绘成“地球是圆的”这一观点的捍卫者，从此他就以这个浪漫形象广为人知。不过，中世纪对世界形状的认识已有详细的记载，比如13世纪法国著名天文学家撒克罗色斯的《天球论》(*Sphere of Sacrobosco*)，以及德国地理学家马丁·贝海姆（Martin Behaim）在哥伦布离开西班牙前几个月制成的地球仪，都表明了地球是圆的。古人可能早就从在不同纬度上看到的星星，或从月食时地球在月球上投下的弧形阴影，得出了这个结论。

亚美利哥·维斯普奇对葡萄牙和西班牙竞相宣称拥有主权的那些领土进行了分析，这为他估计地球的周长提供了便利。他估计出的周长为2.7万罗马英里[1]，比现在公认的数值仅小了50英里。

地球上的储水量只占它质量的1/1000，而木卫三、木卫四和土卫六等外层太阳系的卫星含有50%的水，其中大部分处于冰冻状态。

过了在2012年6月6日出现的金星凌日之后，要等到2117年12月11日和2125年12月8日才能看到另一对。金星凌日现象总是出现在6月和12月，因为此时地球和金星的轨道平面交错。

1 罗马英里（Roman mile）也称意大利英里，1罗马英里约合1.52公里，或0.92英里。

第六章　精神错乱（月亮）

在实施阿波罗计划的那段光辉岁月中，一位在某大学实验室里对月球岩石进行分析的年轻宇航员，爱上了我的朋友卡罗琳。他冒着丢掉饭碗的风险，无视国家的安危，送给她一小撮月球尘埃。

我得知消息后，急切地追问她："你把它放哪儿了？给我看一下！"她却心平气和地答道："都让我吃掉了。"她顿了一下又补充说，"总共就那么一丁点儿。"似乎经过这样一番辩解，她的所作所为就显得合情合理了。

我气坏了。刚才还满以为在卡罗琳的公寓里就可以探察到月球的秘密，可转眼间却从令人目眩神迷的云端跌落到了冰冷的现实之上——我清醒地意识到她竟然将它吃了个精光，连粉末都没给我留一点。

神情恍惚之中，我似乎看到月球尘埃正在卡罗琳的双唇上亲怜密爱，恰如情人之吻。它进到她的嘴里，一碰上唾液就燃烧起来，火花四溅，穿透了她的每粒细胞。这晶莹剔透的外星异物，就像小精灵撒下的魔粉一样，照彻了她体内的阴暗角落；又像是轻轻摇响的风铃，将阵阵无腔无调的悦耳之声传遍她的全身经脉。她因为圣物入体而脱胎换骨，变成了月亮女神卡罗琳！她通过服食月球尘埃，轻而易举就和月亮合而为一了！这怎能不令我耿耿于怀，妒火中烧？

我确实听到过这样的无稽之谈：建议女子睡觉时拉开卧室窗帘，让月光洒在身上，这样受孕的机会就会大增，月经周期也会变得更有规律。而通过服食月球尘埃来获得法力，这样的天方夜谭却闻所未闻。卡罗琳那番壮举所召唤的魔法属于太空时代，是她妈妈和我妈妈在初为人妇之时做梦也想不到的。

我至今还在嫉妒卡罗琳得到了品尝月球样本的机会。我知道，现实生活中的她嫁给了一位兽医，现在定居在纽约上州，三个孩子都已长大成人。她并没有获得什么特异功能，不会在黑暗中发毫光，也不会凌空漫步。那一小口月球“美食”，无疑早就以寻常的代谢方式穿过了她的身体，如今在她体内已了无踪影。那么，它里面究竟包含了些什么神奇物质，让我魂牵梦萦了这么多年呢？

是一点点钛和铝吗？

是一些诞生于太阳然后又被太阳风吹送出来的氦原子吗？

还是所有那些可望而不可即的东西所凝聚的闪亮精华呢？

除了上面这一切，也许还有让它显得更加不同凡响的种种因素——它曾被妥善地安置在宇宙飞船的舱室内，又在火箭的推送下，穿越 24 万英里的星际距离来到我们地球，然后再由一位英俊的男子亲手献给她当作爱情信物。多么幸运的卡罗琳啊！

“阿波罗号”的宇航员们自己并未刻意地吞食过月球尘埃，尽管它曾附着在他们身上，让他们的白靴子和太空服沾染了尘垢，又和他们一道攀登并返回了登月舱。在摘下泡状头盔的一瞬，他们闻到了类似硝烟或壁炉湿灰的气味。那是月亮尘埃在含氧大气中温和燃烧所发出的气味（这些空气是人们从地球家园带过去的）。那么在登月舱外不存在空气的月球表面上，被踩在脚下的尘埃也会散发出自己的气味吗？你说，如果森林中有一棵树在无人倾听时倒下，它会不会发出声音呢？

宇航员们看着月球朝阳的那面时，断定布满灰尘的月球表面像沙滩一样呈淡茶色，但是当他们转到另一面时，它变成了灰色——等他们将尘埃样本铲进塑料袋时，它又变成了黑色。那儿的太阳光未经大气过滤，放射出不同凡世的光芒，扰乱了他们对色彩和深度的感知，也让他们的照相机胶卷感光失真。与习惯了地球大气中光线的人类相似，胶卷也对月球表面这一新地貌环境的微妙色调和鲜明对照（stark relief），给出了自己的一套阐释。于是，这些人在漫步月球时摄下的照片和他们印象中看到的图景，最终还是存在着色彩偏差。

人们在地球上看月亮时，也没少受光线恶作剧的欺骗。要不然，月球上墨黑的尘埃和岩石怎能散发出银色的光芒？月球表面上像张人脸的那些阴影部分，在阳光照射时仅反射 5% ~ 10% 的光线，而比较明亮的月球高地也不过反射 12% ~ 18% 的光线，因此整体而言，月球的闪亮程度也就跟柏油马路差不多。但是在粗砺的月球表面上，还撒满了粗颗粒的月球尘埃，为它平添了无数让光线投射和反弹的平面。这样，那些茶色、灰色和黑色的尘埃反倒为月球笼上了一层白色的光辉。映衬着阴暗凝重的夜幕，月亮显得越发皎洁了。

我们印象中的月亮是白色的，当然也有例外：挂在地平线上时，它会被增厚的空气打磨成金黄色；月全食时，它又会因为沉浸在地球的阴影中而散发出红色的微光。从来没有人当真相信会看到绿色的月亮，它顶多有点像绿奶酪——就是那种有些发白、带斑点的新制凝乳（还太生，没法吃）。确实，在火山喷发后，大气受到污染，月亮可能会发蓝。而在一个公历月中，如果出现了一次以上的满月，它也被称作“蓝月亮”。但是，在习惯用语中，“蓝月亮”之所以表示凤毛麟角的意思，就是因为普通的月亮通常都是白色的。

月球反射出来的白光中包含了所有的颜色，但是地球上看到的月光却恶作剧地漂白了人眼熟悉的各种色彩。满月的最大亮度比直射的阳光要昏暗 45 万倍，因此刚好落在视网膜色觉（color vision）的门限之下。就算是最明亮的月光，照在脸上也会显得惨白，还会产生特别的阴影——就像人一进去就消失不见、只在顶上开有出口的那种地下密牢所产生的阴影。

无血色的“月光之花”在月亮花园中怒放。那里面种植着百合、曼陀罗（angel’s trumpet）和萝卜花（sweet rocket）之类的花朵，它们要么是白色或近乎白色的，要么因为具有夜间绽放的习性而受到珍视。作为夜晚的“朝阳”，巨大的月亮之花在每天结束时绽放白色的花瓣，它的伙伴紫茉莉（four–o'clock）、野鸢尾（vesper iris）以及夜剑兰（night gladiolus）也是如此。尽管夜来香（evening primrose）开的是粉红色花朵，但在月亮花园中也受到了欢迎，因为它在夜幕降临后香气四溢。

月亮本身却不愿被禁锢在夜间。有一半的日子，它会挂在白昼的天空中，只是很多人根本没有注意到它的存在，或者将它误认成了一小朵白云。每个月确实有几天，月亮会因为隐身在太阳附近而消失无踪。其他时候，无法逃脱的月亮总是随着时日的推移而改变形状，由亏转盈，又由盈转亏，似乎在哀求人们给予关注。

新月乍现，好似黄昏中的一抹微笑。月亮在每月循环之初，虽然只有薄薄的一钩映照在我们身上，其他的部分倒也隐约可见，好像老月亮正躺在新月亮的怀中。莱昂纳多·达芬奇在给这种月亮画素描时，意识到明亮的新月抱着的淡淡光影来自地球反照[1]。莱昂纳多在他的笔记本上用左手反写的潦草字迹解释道，幻影月球接受了地球对太阳的反射光，并以更弱的光线回映到地球上来。

在月球绕地球轨道转过四分之一圈后，太阳光会照亮月球的半个表面，那情形就像是巧克力和香草各半边的小甜饼上撒了层白色的糖粉。不久这条明暗界线（terminator）——昼夜分割线——就会弯得像张弓，而且随着月亮深入“凸月”阶段，被照亮的月球表面也会增大。从无月到新月、弦月、凸月再到满月的

1 地球反照（Earthshine），地球反射的太阳光，尤指反射到月球又从月球反射回地球的太阳光。文中用的是后一种含义。

扩张阶段预示着增长。农牧历书推荐说，盈月期适宜种豆、收割块根农作物和修剪果树（可以保证硕果累累）。但是，基于同样的理由，不宜在盈月期伐木——因为树液充盈的湿木会咬紧锯子，因此锯起来相当费劲儿，而且锯出的木条也容易发翘。

在日落时分升起的满月会让人产生格外壮观的幻觉，因为它看上去要比表观尺寸大两三倍。这种壮丽景象来自我们头脑对地平线的本能感觉，老觉得地平线在很遥远的地方，那里显得突出的东西必定是巨无霸。入夜稍深，等月亮爬上天空，它就会恢复本来的大小（因为人们在目测高空距离时，使用的是一把不同的比例尺）。不过，月下的世界却开始疯狂起来。在满月映照之下，群狗乱吠，豺狼长嚎，变狼狂患者变成了狼人，而吸血鬼们也伺机而动。犯罪率提高了，生育率提高了，更多的疯子发狂了。有人还宣称，满月那几乎可以映着看书的惊人亮度，会让人不可遏制地对骚乱产生一种持续的期盼。

在西方，一年中的每个满月都至少有一个名字——狼月、雪月、汁月（Sap Moon）、乌鸦月、花月、玫瑰月、雷月、鲟鱼月、获月（Harvest Moon）、狩月（Hunter's Moon）、海狸月、寒月——和消失了的传统岁月联系在一起，而其他的月相则没有获得这种殊荣。

严格意义上的满月状态，指的是地球天空中的月球位于太阳对面，它在月亮每个月的周期中仅仅持续 1 分钟而已。片刻之后，月亮转亏，顺着原来光明推进的方向，从右边开始一点点地被黑暗吞没。月亮“人脸”——或者月兔，或者月蟾——上的面貌特征一个接一个地消失，消失的次序和先前出现时相同。最先出现和消失的是又高又圆的危海（Mare Crisium），接下来依次为恐怖湖（Lacus Timoris）、宁静海（Mare Tranquillitatis）、彩虹湾（Sinus Iridum）、暴风洋（Oceanus Procellarum）和沉睡沼（Palus Somni）——这一串拉丁地名像是念某种古怪的咒语一样。

不过，用什么魔咒也没法从月球上这些深色调的“海洋”中变出水来，因为它们统统都很干燥。也没听说月球上这些所谓的海洋什么时候盛过水。尽管最早通过望远镜看见月海（Lunar maria）并为它们取这种名字的天文学家们，暗示过它们和液态水之间存在着某种联系，但是当第一批月球漫步者踏上它们的“海滩”时，却从那里带回了人们能想象到的最干燥的物质。

人们用“干若枯骨”来描述这些月球样本，不过它们要比骨头干燥得多，因为骨头形成于地球那湿润的生态系统中，在动物体死后很久，还会保持着含水的痕迹。

那么，用“干如灰尘”来形容又如何呢？不，它比灰尘还要干燥。在地球上，连灰尘都含有水分。

月球岩石为干燥度设定了一个新标准，那是完全缺水的状态。在月球样本中，月球岩石的晶格里没有隐藏一滴水，也不带一个水气泡，甚至连一丁点儿冰都没有接触过。不过，在月球极地附近那些未经探索的阴影里，说不定还窖藏着彗星零星地送进去的水冰——储量可能高达千万吨。

因为存在缺水这一潜在的局限因素，月球生成的矿物质相当有限，仅有百来种，而湿润的地球则出产了几千个品种。出于罗曼蒂克或宗教的原因，和月亮扯上关系的那些宝石——珍珠、石英、蛋白石和月长石——根本不可能在月球上形成，因为它们都会以这种或那种方式需要水分，而月球上一滴水都没有。*

对于月球，行星科学家们目前倾向于接受这样一种最初场景（可以同时解释月球如何形成以及它为何如此干燥）：在太阳系历史的早期阶段，一颗游荡的行星在交错的轨道上撞到了还处于婴儿期的地球。这次被认为发生在45亿年前的撞击，同时熔化了撞击者和地球的被撞之处，并将炽热的碎片射向太空。大量的灰尘和岩石碎片上升到地球轨道后，绕着受了重创的地球运行，并在44亿年前重新凝聚，变成了月球。因为同出一炉，被抛射出去的月球岩石跟地球岩石在化学成分上很类似，只是它们失去了全部的水分以及能够以蒸气形式逃逸掉的其他一切化合物。

月球急速成形的过程中产生了充足的热量，将这颗新卫星的顶层熔化成了一个厚达上百英里的球状岩浆大洋。随着时光流逝，那个大洋逐渐冷却并硬化为岩石。太阳系在狂乱的"青年期"所产生的那些行踪不定的碎石，当时仍在四处游走，轰击月球光滑的新外壳，撞出了巨大的冲击盆地和陨石坑。同时禁锢在年轻月球内部的放射性热能，促使更多的熔岩涌向表面，将黑色的玄武岩注入幅员辽阔的盆地——于是绘出了月球表面的人脸特征。

在月球诞生时，最早流淌在那儿的洪流是铺天盖地的岩浆大

---

* 月球岩石被当成奇珍异宝，在1993年的拍卖会上，以1克拉442 500美元的天价售出。同样，阿波罗16号航天员稍微用过的一张沾了点月球灰尘的笛卡尔高原地位级图，在2001年的拍卖会上售得9.4万美元。

洋。最后流淌的是受挤压的熔岩所形成的河流与池塘——它们在30亿年前凝固成形。在那个时候，整个太阳系里陨石撞击逐渐变少，而月球也耗尽了它所有的内热，不断地固化，最后变成了一块干化石——按地质学的标准，通常认为月球已经处于“死亡”状态。

干枯的月球牵引着地球的海洋，好像对它们心存嫉妒似的。大海受月球引力的召唤，每天潮起潮落两次。海面经行月球下方时会涨一次潮，这在直观上看起来也很合理。但是，当它转过半圈，来到背对月球的地方时，会再涨一次潮。你可能会说，它们在那里只是看起来在涨潮，而实际上是地球因另一侧受月球牵引而被向外扯开少许。如果同时观察全世界的水域，处于月球正下方的海洋受到强烈的引力牵引会涨潮，而在地球对面的海洋也会同时涨潮，似乎是因为它感觉到反方向的牵引力已减小许多，而大松了一口气。

地球潮汐除了听从月球引潮力的召唤之外，也会对太阳引潮力作出响应，不过没有那么明显，因为太阳距离地球较远，而且它对地球各部分的牵引强度比较均匀，从而减弱了它对潮汐的影响。但是，当太阳、月亮和地球在天空中排成一线时（新月和满月时都有可能出现这种情况），这三大天体会齐心协力，掀起更高的潮水。这种“朔望大潮”每个季节都会出现，它得名于每天两次、一跃20英尺高的大潮头。要是“朔望大潮”又赶上月球转到了近地点附近，那么潮水还会涨得更高。

有人断言，造成大潮的月球引力也能使人的五脏六腑微微上抬。人体的主要成分也是水，它的起落为什么就不能跟“地球–月球”的韵律合拍呢？也许是因为它太小了吧。就像湖泊和池塘因水面太小，不会以潮汐的形式回应月球的牵引一样，小小的生物体也能超然于这种行星际交互作用之外。因此，之所以会有人见月伤怀、神情恍惚，很可能是因为他对美产生了自然的情感反应，而不是因为他的体液像潮水一样起起落落。同样，妇女的月经期和阴历月在时间上同步，如果说不是一种巧合，就只能算作一种神秘现象了。

月球将地球的海洋搅得潮起潮落，而与此同时，地球会以更大的优势将月球往自己身边扯，因为地球的质量要大许多。由于这两大天体间存在不对称的力量角逐，月球的自转速度已减慢到了每小时 10 英里左右。以这么慢的速度自转，月球绕轴自转一圈所需的时间和它绕 150 万英里的地球轨道公转一周所需的时间相同，都是一个月。因此，地球已迫使月球进入了一种被称作“地球锁定”的自转–公转锁步模式（lock-step pattern），于是月球上那张令人敬畏的面孔就一直朝向地球。难怪月中人看起来会那么眼熟。

与月球相比，地球以快上百倍的速度急转如飞。但是，在潮汐摩擦力的牵制下，地球的自转也在减速，每年减慢百万分之几秒[1]。月球所引起的海洋潮汐是显而易见的，而与此同时还有不那么一目了然的另一种影响，即它对坚实大地的拉伸。地球上不管是哪一部分，在离月球最近时都会受到最强的牵引，而且真的会

1 原文误作“百分之几秒”，现经作者同意予以更正。

因此而鼓起。但是，处在月球正下方的那片地表区域，刚鼓起来对月球引力做出响应，就会被地球的自转旋开，并代之以一片邻近的地区。于是，地球上总会有某个地区先鼓起再平复，自转过程中就会一直存在着摩擦。

随着地球自转的放缓，月球每年会漂远 1 英寸左右，这是因为一连串的潮汐效应对这颗卫星产生了轻微的上推作用。最终，地球的放缓过程与月球的漂远过程会达到平衡——地球的自转速度会稳定下来，而月球也会停止退离。那时，两大天体的自转就同步了：就像如今的月球总是以同一面对准地球一样，地球也将以这种方式警惕地紧盯住月球。在那个遥远的未来，崇拜月亮的人无疑会搬到可以始终看见皓月当空的那个半球，而住在地球另一个半球即“远离月亮那边”的人，想要一睹月亮的风采，得先飞越半个地球才行。

目前，几乎感觉不到地球自转速度在降低，因为每 50 年也不过慢 1 毫秒而已。不过，因为存在这种偏差以及其他一些反复无常之处，主管计时的官员确信，需要改进采用日月星辰作为可靠时间标准的做法——偶尔在全世界公用的历年中插入一个“闰秒”。不同于比常年多出一天的闰年，闰秒和正常的一秒并没什么两样。但是，闰秒跟闰年同样都表明，将记录人类活动的历法建立在天体运动基础上的种种努力都宣告失败了。*

---

* 一秒原来指的是把一个平太阳日分为 86 400 个等份后所得的时间，如今的定义则是以铯 133 原子基态完成 9 192 631 770 个自然震荡周期的持续时间。自 1972 年以来，国际地球自转服务组织（International Earth Rotation Service，IERS）已经加入了 24 个闰秒，总是插在 1 月或 7 月的开始处。

地球每日绕地轴的自转和每年绕太阳的公转，很少会跟月球每月绕地一圈的轨道相契合。因此，为了将太阳和月亮这两条时间线索整合在一起，一直以来都需要精细的公式，来确定如何在每年 12 个月与每年 13 个月之间转换（出于这个原因，13 在很早以前就成了一个不吉利的数字），或者规定每个月该有多少个日子。但是，将规定的天数塞进每一个月，使未来几年的季节与日期相符之后，“Thirty days hath September”（“9 月份 30 天”）这种用于助记的打油诗马上就失去了韵律。

尽管原子钟在计时精度方面确实胜过行星运动，但是它还得服从不太精确的星球，并据此拨准时间。如果春天我行我素，想降临时就降临，就算我们能判断出地球少计了 1 秒钟，这种自鸣得意的本领又有什么用处呢？

在月球上，只有一种时间间隔 —— 我们的朔望月，它既是月球日又是月球年。在仅包括一个月球日的月球年中，月球绕轴自转的同时也绕地球转动，太阳的光和热先是挥洒在月球的一个半球上，然后是另一个半球；每次光照时间持续两周左右，接下来的两周是寒冷的黑夜。

月球有一面在地球上是永远看不到的。于是许多人以为，月球远离我们的那面一定常年处在黑暗之中，其实它同样会经历月相，而且它的圆缺和我们这一面所看到的月相刚好互补。正如地球的表面始终会有一半沐浴在太阳光中一样，阳光也会永远照亮半个月球。

曾在月球上漫步的“阿波罗号”宇航员，登上的是靠近我们这一面的月球。他们着陆时正值月球上的清晨，那时的温度还没升到中午时分的 225 ℉（约合 108℃）。最后两组“阿波罗号”宇航员为了完成肩负的使命，在月球表面上逗留了 3 天之久；即便如此，他们连去带回所花的时间也不到半个月球上午。

他们没有涉足月球远离我们的那一面，虽然在绕月飞行时亲眼目睹了那一面的奇特地形（迄今为止还没有第二批人做到这一点）。因为他们飞到月球背面之后，和休斯敦及世界其他地方的无线电联系都被切断了，他们在为新发现激动得发抖时，私底下会有什么样的惊叹或感慨发不出来呢？在登陆小组前往月球表面作业期间，阿波罗指挥舱的驾驶员继续留在轨道上，每两个小时绕月一圈。在每一圈的飞行中，都会有 48 分钟处在月球远侧的上空，因而和所有文明社会（包括他们的队友）失去联络，并体验到深沉的孤寂。月球远离我们的那一面，是整个太阳系中唯一听不到地球无线电噪声的地方。

和所有事物的隐秘面一样，月球远离我们的那一面和它展现给世人的这一面很不相同。那里有更丰富的陨石坑，重重叠叠，基本上看不到大片平滑的黑色熔岩池——这是月球靠近我们这一面的一大特征。月球背面较厚的外壳显然阻止了它内部熔岩的喷发。

约 30 亿年前，太阳系在经历了“晚期重型轰击”之后，来自大型投射物的威胁消失殆尽，于是月球上所有的地质活动也随之停止。如今，在月球上，重逾 1 吨的陨石发动的袭击事件，平均 3 年也难得遇上一次。月球上偶尔也会发生月震，但我们可以很有把握地将它当作对引潮力的微弱反应而不予理会，因为它并非带液态核的“活”行星内部翻腾所致。

只有微型陨石还在持续不断地落在已进入死亡状态的月球上，因此堆积在它表面的尘埃的厚度每年都会以百万分之一毫米的速度增加。这种注入活动成了月球上起主要作用的地质构造力。月球学家们将它戏称为“园艺活动”，因为新到达的尘埃一落进贫瘠的月球“土壤”，就会与之进行混合，并略加翻动。这一过程极为轻柔，基本上不会惊扰月球上当前的死寂环境——包括成排的科学仪器、分级火箭使用后留下的成堆空筒，以及 3 台静静停放着的探月车。

特意留在月球上的个人纪念品中，有一张某宇航员和他家人的快照，格外引人注目。为了更好地保护它，人们还特地对那张照片进行了塑封，好像它在沉闷而太平的月球表面上会发生什么意外似的。其实，在那里，一个脚印可以保留上百万年，而每粒微尘皆可尽享永年。

延伸资料

人们往往认为“蓝月亮”（blue moon）指的是一个公历月中的第二次满月，其实更准确的说法［根据 1937 年《美国缅因州农夫历书》（*Maine Farmers' Almanac*）给出的定义］应该是：一个季度里如果出现了四次满月，那么第三次出现的就是“蓝月亮”。这本农夫历书按回归年计算季节，而回归年是从冬至或圣诞节

（Yule，12月22日）那天开始的。因此，真正的“蓝月亮”只可能出现在2月、5月、8月或11月。

在满月的映照之下，黑白场景中青草的绿色也会显得特别突出，因为人的视网膜对黄绿波长（这种光在太阳光中最强烈）特别敏感。

一个名叫乔凡尼·里奇奥利[1]的耶稣会牧师创建了沿用至今的月亮命名系统。他和其他月面学家（月球测绘家）使用地球上的山脉，如阿尔卑斯、亚平宁、高加索和喀尔巴阡，对月球山进行命名。月球朝向地球那一面的环形山的名字是为了纪念伟大的自然哲学家，从柏拉图、亚里士多德到第谷、哥白尼、开普勒和伽利略都榜上有名。月球背面用的是俄国人的名字。1959年10月，苏联的“月球3号”无人探测器首次拍摄到了那一面的照片。

月亮的自转与公转转速相同——转动一周的时间都是27.3天——但是当月亮绕地球运动回到它的始发点时，相对恒星而言，地球也移动了。因此，我们看到月球绕地球公转一整圈需要29.5天，并且会经历从一个满月到下一个满月之间的所有月相。

1 乔凡尼·巴特斯达·里奇奥利（Giovanni Battista Riccioli，1598—1671），意大利天文学家。他不接受哥白尼的观点，而是认为托勒密的体系变得越复杂，就越能证明上帝的伟大。他在月亮研究方面得出了一些有用的结果。他是第一个主张月亮上没有水的人。著有《新阿尔马杰茨姆》，又称《新至大论》（*Almagestum Novum*，1651），以纪念托勒密。这本书中包含了他自己画的月面图，并用过去的天文学家为月球上的环形山命名，这些名字沿用至今。1650年，里奇奥利用望远镜发现开阳星实际上是彼此非常靠近的两颗星。他还致力于测量太阳视差，估计太阳到地球的距离为2400万英里左右。

第七章　科幻（火星）

你可以用“它”或我的学名“艾伦丘 84001”来称呼我——就算叫我“来自火星的家伙”也没什么关系。虽然我只是一块石头，不会开口说话，但是请允许我假装成有知觉的生物，斗胆占用下面这几页空间，替火星讲两句话。我的老家在火星，我是在机缘巧合与物理定律的共同作用下，才来到地球的。

在迄今已确认的 34 块火星陨石中，唯有我最古老，也唯有我可以在显微镜下显示出类似原始陆地细菌所形成的那种内部构造和残留物。这些发现，使我成了有史以来被研究得最多的一块岩石。

在 1984 年科学家将我带走之前，我已在南极的冰天雪地里躺了 1.3 万年。人们也许会猜疑，我在地球上生活了这么久，有没有被污染呢？刚开始，科学家的确假设我已受到了污染，但后来他们排除了这种可能性，并得出了几乎令人难以置信的结论：在母星上时，我很可能曾是小生物的栖生地；在 1600 万年前的一次小行星撞击中，我被甩出了火星表面，而那些小生物在当时可能已灭绝。

在人们听来，我的故事刚好与火星的历史相吻合，似乎为火星上存在生物的猜想提供了铁证，不过我对此可毫无把握。我对古生物知之甚少，对现如今火星上还存在生命的假设更没什么发言权。因此，我不想作惊人之语，以免跟那些不着边际地幻想出来的外星生物——比如沙丘之星阿拉基斯（Arrakis）上的巨大沙虫，以及巴松（Barsoom）上的火星野马（Thoats）、绿人和白色巨猿——混为一谈。*

但我要声明：我来自火星的身份是无可辩驳的。无论是在火星表面的现场，还是在近轨绕行的飞船上，得出的化验结果都可以证实：我的成分真实地反映出了这颗行星的岩石和灰尘的构成。密封在我母岩（matrix）玻璃泡中的微量气体，与采集到的火星大气在成分上完全吻合，一个元素也不差，连稀有同位素的相对富含程度都一样。在当今这个航天时代到来之前，人们根本没法证实我的外星身份，不过我来地球时并没有搭乘什么人造交通工具。

让我展开旅程的那次大碰撞，在火星上撕开了一道几英里宽的裂口。天文学家们认为他们已经在火星的卫星图片上辨认出了那个特定的陨石坑，就在南部高地的一个小山谷附近。猛烈的撞击冲起了重达数吨的外壳岩石。岩石碎片高速飞入稀薄的火星大

* 比如，可参看弗兰克·赫伯特（Frank Herbert）在1965年发表的《沙丘》（*Dune*）和埃德加·莱斯·伯勒斯（Edgar Rice Burroughs）在1918年发表的《火星众神》（*The Gods of Mars*）。（阿拉基斯为《沙丘》中塑造的一颗行星，那里从不下雨、风暴满天、到处是几百米长的大沙虫。《火星众神》描述的是主人翁卡特的火星探险故事，而故事中火星的居民就称火星为巴松。——译者注）

气，其中有些碎片的运动速度特别高——在加速后超过了每秒 3 英里的本地逃逸速度——它们迅速外逃，并永久性地摆脱了火星的束缚。

作为一个来自陨石坑遍布区域的“火星客”，我对陨星袭击事件并不陌生。实际上，此前的一次碰撞所造成的粉碎和再热，也在我身上留下了一块伤疤。但是，如今我发现自己也变成了一颗陨星（或者更精确地说，成了一个流星体）。也就是说，我成了一个真正的太空流浪儿——已经脱离了一个世界，却还没有抵达另一个。我在看似漫无目的的流浪生活中过了 1600 万年。然后，终因太靠近地球而被它的引力捕获，要知道地球的引力比火星强 3 倍。如果单靠极为偶然的机会，我本该销声匿迹于茫茫大海之中——大多数陨星在经过伴随着剧烈燃烧的降落过程，抵达地球表面后，确实就是落得这样一个下场。但是，我却坠落在南极附近的一片冰水之中，当时地球正处在最后一个冰川时期。

飘落的白雪覆盖在我身上，我被裹挟着搅入了一条缓缓流淌的冰川，与它一道向前蹭了几千年。最后，我们来到了艾伦丘，并试图翻过坡去。然而，陡峭的悬崖和凛冽的极地风却将我从冰块中拽了出来，让我再次躺到了光天化日之下。

科学家们驾着 7 辆雪地摩托，摆开拖网式阵形，在呈蓝白色的冰面上搜索黑色的岩石块。他们确信这种岩石都是外星来客，有的来自月球，有的来自小行星带，有的来自火星。尽管我的大小也就相当于一个略呈方形的垒球或一颗 4 磅重的马铃薯，但是因为跟周遭环境的颜色对比强烈，他们还是轻易地找到了我。在冰天雪地的炫目光照之下，我展现在他们眼前时被叫作“这块绿石头”，只是后来在实验室里我才褪成了灰色——“暗灰色”。

我被空运到位于美国得克萨斯州休斯敦市的约翰逊航天中心。在那里，人们用两组独立的子母放射性同位素测量，确定了我的年龄。其中一组分析我体内有多少钐衰变成了钕，而另一组则跟踪由铷衰变成锶的放射过程。尽管这两组测试不能说明我来自何方，但都得出了同样的结论：从结晶那天算起，我已存在了 45 亿年。开始，检测人员把我当成了来自小行星灶神星（Vesta）的一块火成岩，但后来他们对准我的一些纹理发射了一道狭窄的电子束，激发我近表层的原子产生 X 射线。这些 X 射线揭示出更多关于我外星成分的事实，特别是我体内的含铁成分，更进一步地帮助人们将我鉴定为火星客。

极其古老的年纪，是我有别于其他已知火星陨石的地方。我现年 45 亿岁，比年龄排名老二的火星陨石年长 3 倍，这表明我是火星原始行星外壳中的一部分。在地球上还没找到堪与我比肩的岩石，因为它们中最古老的也不超过 40 亿岁；只有一块从月球上取来的岩石，即所谓的“创世岩”（Genesis Rock），与我的超级古老程度旗鼓相当。

我作为太阳系初创时期留下来的一件结实的遗物，在漫长的岁月中几乎保持着原封未动的状态。在这段时间里，我原本很可能被撞碎，或被火山熔化然后再在冷却中复生。

火星是敬重旷日持久性的典范。火星表面大部分地区都保持了过去的原貌，而地球和金星的表面则因为经常性的剧变而不断翻新。但是，火星又不像月球或水星那样泥古不化——几乎完全要靠外力来塑造其稳定的外貌。相反，在我那颗大小仅为地球之半的母星上，耸立着太阳系中最高的山脉，雕刻出了大量迷宫般的山谷；那里的陆地上曾泛滥过液态水，然后又被冻结成一片沙丘雄壮绵延不绝的荒漠；那些沙丘被自然之手“调配”成鲜艳的红色、黄色和棕色，因此火星在远看时像一颗闪耀着橙色光芒的恒星。

火星地表是一片尘多于沙的荒漠。当微小、光滑而又富含铁质的粉尘像轻烟一般飘浮在空中时，空气也染上了它的铁锈色。主要成分为二氧化碳的火星大气略呈桃色。它施加在火星表面的压力小得几乎令人难以觉察，仅为地球大气压的百分之一而已。但是，看看那里的风将沙尘刮成了什么样子！那些孤独的尘魔盘旋而起，巨蛇般地在旷野上游走。灰黄色的旋风挟卷起大量的尘沙，一肆虐就是好几天。有时还会增强为全球性的大沙尘暴，一连数月将整个火星团团笼罩，直到饱含尘土的空气不堪重负了，才逐渐平息。

这颗行星的极地戴着亮白色的冰帽，它们会随着季节性的天气变化周期，在赭红色的表面上有规律地时而前伸时而后缩。两极间的陆地分成了大小不等的两部分：多数古老的、饱受陨石轰炸的高地集中在南半球——我就是从那儿来的，而北半球是年代较近、位置较低的平原。偏远北方的那些平原位置很低，使得整颗行星看起来仿佛歪向了一边（南极到赤道的距离比北极远了4英里）。

就在赤道之北，耸立着巍峨的奥林帕斯山（Olympus Mons），在火星历史的早期，其高度已相当于地球上的阿尔卑斯山叠上落基山脉再叠上喜马拉雅山。当时，行星内聚集的残热以熔岩喷发的形式外逸，而喷出的熔岩量足够形成十来座巨峰和几十座稍小的高山。打那以后，陨石又多次袭击了火星的山峰，将它们的侧面打得坑坑洼洼，但是没有留下什么风雨侵蚀的痕迹。含有水汽的白色云朵，萦绕山巅，不会降下对山麓造成破坏的雨滴。吹过来的风只会卷起微小光滑的黏土粉尘，几乎软得不足以磨损岩石。

奥林帕斯山东面有一些古老的断层，在地面上扯开长达数千英里的裂口，开凿出了名叫“水手谷”（Valles Marineris）的大峡谷群。山体滑坡加宽了这些峡谷，而奔涌的流水则将它们冲刷得更深，并在谷底塑造出了一些泪滴状的小岛。但是如今在这颗行星上，悬崖峭壁环绕的是空空如也的山谷，因为火星上早已看不到水的踪迹。

在遥远的过去，火星上的气候一度比较温暖湿润。但是，在火星上撞出又大又深的盆地的那些陨石，驱散了曾经使大气显得浓稠的水蒸气和氮气；这种天气或许也随之戛然而止了。于是，液态的水以各种方式逃离火星表面，要么被蒸发并消失在太空中，要么流入地下的隐含蓄水层，要么长眠于地底的永冻土层。

我自己在火星上的经历可以追溯到存在液态水的年代。据宇宙化学家们尽可能精确的估计，在18亿～36亿年前的某个时期，我还曾沐浴在火星的温泉之中。泉水浸透了我遍布全身的裂缝——那是我早先受撞击时留下的伤痕——并沿着裂缝绘出了一条条招牌式的碳酸盐矿脉。如今这些矿床在我的总组分中约占1/10，而我体内所有的生命迹象都集中在这些部位。

我身上携带了正宗外星生物的说法，可能有点骇人听闻，也可谓史无前例，但是科学家们却承认存在这种可能性。不管是什么力量在30亿～40亿年前促成了地球生命的出现，它可能同样适用于那个早期阶段的火星。即使假定太阳系各行星中唯有地球产生了生命，还是可以设想至少会有一粒太古细菌，封装在某颗陨石之内，进入类似孢子一样的假死状态，离开地球并抵达了火星——反演将我送往地球的系列遭遇。太阳系确实已经存在了足够长的时间，完全有可能发生这样一连串事件，甚至还可能多次发生。

要解读出我内部裂缝所暗含的证据，不管是对人们的直觉还是对仪器，都是挑战极限的难题。高分辨率扫描式电子显微镜的图像，显示出一个个由香肠形的东西组成的类细菌群落，其中有一个还像蠕虫一样分成了小段。但是在1996年，当特写照片出现在全世界的新闻报道中之后，更进一步的调查显示，曾被怀疑成微化石的东西既不是火星上的也不是地球上的遗迹，而是在实验室中人为造出来的东西。人们在准备我的样本以备研究之用的过程中，造成了我的纹理变化，而且还不可思议地变出了人们熟悉的某些生物体的外型——就像风吹成的火星台地可能会很偶然地呈现出人脸的轮廓一样。

另外三样有望表明存在生命迹象的东西（包括我体内存在名叫多环芳烃的有机分子）都不能给出确凿的证据。我的碳微粒周围为什么会存在磁铁矿微粒？目前还没有合理的解释，连勉强说得通的解释也没有。众所周知，还没见过哪个非生命过程能够造出这种纯磁铁矿晶体；而在地球上，它可由 MV-1 这个菌种的水生细菌产生出来。关于支持火星上存在生命的证据，我现在能提供的就只剩下这些黝黑而奇特的晶体了，不过有它们也足够了吧。

长期以来，火星被认为可能是外星生物的栖息地，其根据在于这颗行星外表坚固，而且像地球上一样昼夜分明。一个火星日——日照日（sol）——只比一个地球日长半小时多一点，因为这两个天体的自转速度不相上下。它们沿着轴向的倾角也差不多，火星倾斜 25°，而地球倾斜 23.5°，这就解释了为什么它们在一年中都会类似地经历季节变换。

火星轨道的周长更大，运行速度更慢，要用 687 个地球日才能绕日一周，因此每个季节也自然地延长了。火星上的所有季节都是寒冷的，全球年平均气温为 -40 ℉，而地球的年平均气温为 59 ℉。[1] 但是，一年到头的寒冷未必就排除了存在生命的可能性。想想地球上也有许多看似不适合生物生存的小生境：在洋底的火山口里、在石油油藏里、在深埋地底的石盐中，都可能找到管虫、出没于粉红洞口附近的蓝眼锦鱼，以及其他一些已知的嗜极生物[2]。

每隔 15 ~ 17 年，地球和火星的运行轨道就会将这两大行星

1 -40 ℉刚好是 -40℃，59 ℉为 15℃。

2 嗜极生物（extremophile）或者称作嗜极端菌，是可以（或者需要）在“极端”环境中生长繁殖的生物，通常为单细胞生物。这里“极端”环境的定义，是相对人类生存的“普通”环境而言的。

拉近到彼此相距 3500 万英里的范围之内。在这些时候，望远镜中看到的火星会比平时大 3 倍，因而也为早期火星发现的进程设定了一种自然节拍。比如，在 1877 年 8 月火星靠近地球时，早就怀疑应当存在的火星卫星终于现身，这两个小小的黑色旅伴分别为火卫一（Phobos）和火卫二（Deimos）。它们几乎处在刚够检测到的极限状态，运行速度都非常快；因此如果按这些卫星计算，火星的“阴历月”只有地球上的几个小时长。

也就是在 1877 年的这次行星接近期间，意大利人观察到了边界齐整的火星“沟渠”（Canali）所组成的网络，并将其绘入了新的火星地图。随后的一次行星接近发生在 1892 年。这一次，意大利语中的“沟渠”被不失时机地阐释为英语中的“运河”（Canal），因为美国的一位热心人士坚持认为他看到了几百条运河，并且很快就将它们的出现归结为：一个濒临灭绝的种族为求生存，而在灌溉方面所作的垂死挣扎。*

接下来在 1924 年 8 月火星再次靠近地球时，人们抱持着火星上存在伙伴的执念，做好了相应的准备——民用和军用无线电管理机构一致提议停播三天，以便收听来自火星人的智能信号。美国军方指示其首席信号官（chief signal officer）尽全力对截获的发射信号进行译码。虽然他最终没有派上用场，无法评估这项任务的价值，但是英国和加拿大的无线电操作人员都报告说，他们收听到了几声来历不明的无线电哔哔音。与此同时，瑞士阿尔卑斯

---

* 参看罗威尔（Percival Lowell）的《火星》（*Mars*，1895）、《火星及其运河》（*Mars and its Canals*，1906）以及《作为生物栖息地的火星》（*Mars as the adobe of life*，1908）。

山上的观察者也以适当的方式向火星发送了问候信号——先用透镜放大再从少女峰（Jungfrau）白雪皑皑的山坡上反射出去的光线。天文学家们证实：通过改良的望远镜所看到的移动亮斑，是火星大气中的云彩。

20世纪60年代的行星科学家和火箭科学家们不愿耗上几十年，坐等这两颗行星转到方便观察的位置再开展工作，他们开始利用每26个月就出现一次的完美发射机会，向火星发送了一系列的低空飞行器、轨道卫星和登陆器。这些宇宙飞船飞行时所遵循的是一条刻意安排的高效路径——“霍曼转移轨道轨迹”（Hohmann transfer orbit trajectory）。这条路径经过了精心计算，从地球发射开始不到一年就可与火星轨道相交，而且恰好能在那个交点上及时地拦截到火星。*

飞往火星的飞船中有一半因为无妄之灾，没能完成它们的艰巨任务，或没能在那儿开展有益的工作，其中包括了3艘原定要登陆火星的飞船——它们都是在进行意外的紧急迫降时坠毁的。不过，在多次的成功发射中，有5艘登陆器在火星上建立了静止的和移动的现场实验室，自动地采集火星空气和土壤样本，供分析之用。

为找寻火星生命而发射的“海盗1号”和“海盗2号”是最早的一对来自地球的机器人“科学家”。它们于1976年夏抵达了金色的克律塞（Chryse）平原和乌托邦（Utopia）平原，而我当时

---

* 参看格拉斯顿（S. Glasstone）的《火星之书》（*The Book of Mars*），NASA特别出版物179号（1968）。

还被静静地掩埋在酷寒的南极洲。它们就在登陆的地方安了家，而这两个地方都得名于经典的科幻小说和 19 世纪时人们对我老家的朦胧印象。如今现场勘察已经探明了火星的真实地形，但是现代火面图绘制师（Areographer）在他们制订的合乎逻辑的命名方案中，仍保留了许多浪漫的隐喻。因此，20 世纪 70 年代早期发现的大型干河谷，比如战神谷（Ares Vallis）和玛丁峡谷[1]，就是为了纪念战神玛尔斯（Mars）或者人类各种语言中“星星”这个词的叫法。唯一的例外是最大的峡谷——水手谷，它纪念的是其发现者“水手 9 号”——第一颗绕地球之外的行星运行的人造卫星。火星上比较小的一些峡谷则以地球上的河流命名，有古希腊罗马传说中的河流，也有现代实际的河流。[靠近我故乡的埃夫罗斯峡谷（Evros Valles）就得名于古希腊的一条河流。]

最近才进入人们视野的那些巨大而古老的火星陨石坑，取的是科学家和科幻作家的名字，其中包括了巴勒斯（William S. Burroughs）和威尔斯（H. G. Wells）；而小的火星陨石坑用的则是地球上人口不超过 10 万的小村庄的名字。最小的那一级，即从登陆宇宙飞船近拍的照片上辨认出的单块火星表面岩石，采用的是卡通和故事书中那些异想天开的怪名字，包括小卡尔文（Calvin）和玩具虎霍布斯（Hobbes）、小熊维尼（Pooh Bear）和小猪皮杰（Piglet）、飞鼠洛基（Rocky）和驯鹿布鲁（Bullwinkle），或者根据它们的外形取了绰号，比如“午餐盒”（Lunchbox）、“菱形糖”

1 玛丁峡谷（Ma'adim Vallis）是火星上最大的外流浚道（Outflow channels）之一，名字来自希伯来语的火星（מאדים）。

（Lozenge）和“黑面包”（Rye Bread）。尽管我自己的名字很具体也很说明问题，但是研究者在私底下讨论时，偶尔也会使用“大艾尔”（Big Al）之类的简便昵称来称呼我。

到目前为止，一些宇宙飞船已经在火星上值了很长时间的班了，它们将稳定的信息流转发到地球上，使地质学家和气象学家在地球上就可以监控火星上的变化趋势，其中特别值得一提的是火星极地帽的瞬态特性。在南方，每年秋天一开始，高达 1/3 的大气都会化作二氧化碳的白霜，从橙红色的天空中纷纷扬扬地飘落，像过筛的雪粉一样。整个冬季——南方最漫长的一个季节，从南极到赤道足有半个南半球会处在冰雪覆盖之下，而蓬松地堆积在南极帽上的干冰也会让其厚度增加一码[1]。当春季来临，白霜不用经过融化这个中间步骤，就直接升华，回归大气。不久，秋季降临北极，它又离开天空，飘落到北极的地面。

长驻火星的宇宙飞船还进行了其他一些研究——检测了我原来所在行星的重力场强度、测量了它的大气成分和压力、记录了风速、比较了山的高度和盆地的深度、在其表面监听了火星地震，而且还探测到了铁芯的存在——如今它已固化，不能再产生磁场了。

实际上，现在有许多宇宙飞船同处火星领域，它们发回了成千上万的图片，于是对这颗行星的描绘更趋精细详尽，它在地球人的眼里也变得越来越复杂了。相应地涌现出了一些新理论，致

---

1 码（yard）为英制长度单位，1 码等于 3 英尺，约合 91.44 厘米。

使行星科学家之间的争端也随着任务的增加而升级。

从火星人的角度来看，所有这些严密监视加在一起，完全可以解析成一次充满敌意的入侵了*。但是，地球特使们在火星上没有发现对攻击敏感的东西，只发现了很轻微而且相当含混的生物活动迹象。火星的红色泥土，富含过氧化铁和其他氧化剂，常规性地对它自己和所有新来者进行消毒。在现时代，由陨石或到访的宇宙飞船携带来的有机化合物，不久就会被具有高度反应性的化学作用所破坏。而熬过了化学攻击的任何有机材料，无疑又会在太阳的紫外线辐射下解体，因为火星大气不能像地球臭氧层那样提供保护。

天体生物学家坚持认为，火星上的生物，就像曾经在火星上储量丰富的水一样，可能只是简单地转入了地下，以规避这些危险，因此不管是现存的还是已经灭绝了的生物，也许都有待通过努力找寻来发现。天文学家们对此表示赞同，他们断言即使最终证明火星上没有生命，它独特的环境还是会继续诱使机器人和人类前往它冰冻的海岸进行探索。

一些幻想家将火星看作太空中一个有待开发的高边疆地区、有待殖民的潜在家园。** 为了对火星进行“地球化改造”（Terraforming），以增加它与地球的相似性，人们提出了一些在科

---

* 参看韦尔斯（H. G. Wells）《世界大战》（*The War of the Worlds*，1898）。

** 参看克拉克（Arthur C. Clarke）的《火星之沙》（*The Sands of Mars*，1951）、海因来因（Robert A. Heinlein）的《红色星球》（*Red Planets*，1949）和罗宾逊（Kim Stanley Robinson）的“火星三部曲”：《红火星》（*Red Mars*，1993）、《绿火星》（*Green Mars*，1995）和《蓝火星》（*Blue Mars*，1997）。

学上可行的计划。比如，可以用如下方法来创造宜人的居留地：用安置在太空中的巨大镜子对太阳光进行聚焦和放大，并烘烤火星的南极，迫使残余在南极帽中的二氧化碳升华——就像一个会产生温室气体的间歇泉一样。在随后出现的温暖气候中，纯净的饮用水可能会从北极的冰中不断涌出，也有可能从大量被掩埋的永冻土层中开采出来，还有可能从火星坚硬的外壳上某些特定区域，采用化学方法提取出来。

规划者说，他们用另一种方法也可以收到同样的效果，即为某些生命力很强的微生物菌种准备一个安全的环境，将它们放到火星的风化层（regolith）中，让它们在那里摄取现有的养分，并排放出包括氨气和甲烷在内的气体，使大气层变厚，包住更多的热量，从而提高环境温度，创造出一个温暖宜人的环境。

行星际天命论[1]的支持者们预计，不管火星上是否曾住过有知觉的火星人，地球人的子孙后代最终会成为火星人。*

我可以想见他们在险恶的火星表面上的情景：穿着特制的火星防护衣，生活在带圆顶的太空舱里，在一个人造磁场的笼罩下——以便将有害的太空射线挡在外面——艰难度日。他们掌握了利用风能的技术，懂得怎样将当地储藏的重氢转化成电力。他们在沙漠环境中忙碌不停，在温室中培育提供食物的庄稼，勘

1 天命论（Manifest Destiny）又译昭昭天命、天命观、天命昭彰、昭彰天命、天定命运论、美国天命论、天赋使命观、上帝所命、神授天命、命定扩张论、昭示的命运、天赋命运。其拥护者认为美国在领土和影响力上的扩张不仅明显（Manifest），且本诸不可违逆之天数（Destiny）。由此可知，“行星际天命论”认为地球人注定会移民外星球。

* 参看布莱伯利（Ray Bradbury）《火星纪事》（*The MartianChronics*，1950）。

探高品位矿石的宝藏。与此同时，他们将继续仔细地勘测这颗星球，开着拖拉机或徒步在火星上到处转悠，上攀高峰，下探深穴，依然会既期盼又担心自己是闯进火星人家园的入侵者。

我猜想，正是他们存活的状态以及他们对生命短暂的感悟，驱使他们在各种可能的隐蔽堡垒中疯狂地寻找其他生命。即使他们成功地铺平了道路，可以让同胞们跟他们一道去建立伟大的火星文明，他们还是会紧张兮兮地察看，在他们到达之前，红色的泥土中是否留下了什么东西抓爬过的痕迹。

延伸资料

总部设在丹佛的美国南极计划（U. S. Antarctic Program）有一位名叫罗伯塔·斯科尔（Roberta Score）的陨星学家，在 1984 年 12 月 27 日发现了后来被命名为“ALH 84001”的火星陨石。自 1969 年以来，科学家们已成功地在南极搜寻到了一些陨石。对 ALH 84001 的分析工作开始于 1988 年夏天，而证实该陨石来自火星的测试工作到 1993 年秋天才完成。

这块火星陨石的发现地点在莫森和麦凯冰川（Mawson and Mackay Glaciers）附近的艾伦丘。艾伦丘在 1957—1958 年才被绘入地图，以新西兰坎特伯雷大学的 R. S. 艾伦教授的名字命名。

所谓的火星“人面山”是一种被普遍认为酷似人脸的地貌，它最早出现在“海盗号”探测器（Viking orbiter）1976 年拍摄到的照片中。好些媒体宣称“人面山”是外星人的飞船，直到“火星环球勘测者号”（Mars Global Surveyor）拍回照片后，这种幻想才破灭[1]。

在苏伊士运河凿通8年后的1877年，乔凡尼·斯基亚帕雷利[2]在火星表面上观测到一种被他称作“沟渠”（canali）的东西。曾接受过水利工程师方面训练的斯基亚帕雷利认为，这些直线跟英吉利海峡一样，不可能是人类智能的产品，不过他后来改变了观点。当斯基亚帕雷利丧失视力后，珀西瓦尔·洛厄尔[3]接手观察并解释了这些“沟渠”的工作。

约翰尼斯·开普勒在1610年第一个认识到火星会有两颗卫星，但它们直到1877年8月才被观测到。当时在华盛顿特区美国海军天文台工作的阿萨夫·霍尔（Asaph Hall）发现它们在太靠近火星的轨道上运行，几乎要隐没在火星的光芒之下了。他以希腊神话中的两个角色：“骚乱神”福玻斯（Phobos）和“恐惧神”得摩斯（Deimos）为火星的这两颗卫星命名。在荷马的描述中，他们具有几种不同的身份：战神阿瑞斯的儿子、随从——乃至为他拉战车的马。

---

1 “火星环球勘探者”（mars global surveyor）宇宙飞船在1996年11月6日发射升空。这次探测的目的是收集有关火星大气、外表和内部结构的各种数据，拍摄火星两极和火星上弯弯曲曲的“运河”，以帮助科学家了解火星上是否曾存在河流。欧洲太空总署（ESA）在2006年9月21日公布著名“人面山”（Face on Mars）的最新高分辨率照片，再度揭开了人面山的神秘面纱，证实这个30年来引发人们无限遐想的塞多尼亚地区（Cydonia Region）遍布着一座座山丘，而所谓的人面山只是火星上一座自然形成的山丘。

2 乔凡尼·斯基亚帕雷利（Giovanni Schiaparelli，1835—1910），意大利天文学家。1860年出任米兰的布雷拉天文台台长。1877年火星和地球到达它们相对轨道上彼此最靠近的点（即出现“大冲”）时，他利用这个机会认真研究了火星。到1881年他确信，他观测到的火星表面特征构成了一个复杂的图样。他把这些线条叫作Canali，意思是“海峡、沟渠”，这些线条仿佛暗示它们是人工运河，因此轰动一时。

3 珀西瓦尔·洛厄尔（Percival Lowell，1855—1916），美国天文学家。1894年他在亚利桑那州旗杆市建立洛厄尔天文台。通过对火星的观察研究，他相信火星上有居民和人力挖掘的运河。他还预言了冥王星的存在（1930年由汤博发现）。

第八章　占星术（木星）

1610 年冬，太阳星座为双鱼座、上升星座为狮子座[1]的伽利略，“鬼使神差地”将望远镜对准了意大利北部城市帕多瓦（Padua）的夜空，于是木星连同它那 4 颗无人见识过的新卫星就出现在他眼前。

伽利略感谢上帝赐予他目睹这一景象的良机，并称赞他的新望远镜为他提供了有效的观测手段。不过，几大星球在 1 月的夜空中的排列位置，确实也为他的成功观测带来了极大的便利。因为金星和水星都躲到了地平线之下。土星入夜不久就下了山。等火星升起时，距黎明只有 3 个小时了，而又冷又困的伽利略早就进屋休息去了。甚至连月亮也很配合——虽然在伽利略刚开始守夜时几乎是满月，但是月亮也逐渐消隐，只留下明亮的木星在对

1 太阳星座是指一个人出生时太阳所坐落的星座，也就是一般依出生月日分类的星座。上升星座是指一个人出生时，东方地平线与黄道交界处升起的第一个星座。在西洋占星术中，完整的天宫图包含了太阳星座、月亮星座、上升星座、金星、木星等。其中太阳星座显示出表现于外的个性，上升星座代表幼时生活环境、家庭环境与社会环境等外界环境对人的影响，而月亮星座主宰的则是隐藏在内心深处、较不为人知的一面。

面的天空中独自闪耀，徘徊于群星之中。

伽利略一辨认出木星的 4 个伙伴，就看出了它们对自己的未来预示着什么：如果用他最重要的赞助人——年轻的佛罗伦萨大公科西莫·美第奇（Cosimo de'Medici）的名字为它们命名，他就有可能在托斯卡纳宫廷中获得一个职位。伽利略已对科西莫的星座运势做过一番推算，知道木星在他的星座中处于主星地位。有鉴于此，他认为那 4 颗卫星肯定代表了这个男孩和他的 3 个弟弟，因此往后应该将它们称作“美第奇星”。

伽利略提醒科西莫·美第奇说：“我认为，在殿下出生时，穿越地平线上方阴暗的雾气并占据中天的就是木星”——他这样说是要表明木星已上升到了主星位置（根据文艺复兴时期的占星术，那是天空中最吉祥的位置）——“它在自己的宝殿中放射光芒”（木星被认为是行星之王），“照亮了东边的角落”——也就是说，影响到了上升星座——“它坐在庄严的王座上，俯瞰着您的诞生，并在这个良辰吉日里，向至纯至净的空间尽情挥洒着自己壮丽的光辉。因此，在您出生后进行第一次呼吸时，上帝就用高贵的饰品装点了您稚嫩的身躯和您的灵魂，允许它们汲取这种万能的力量和权威。”

这样一来，木星就极大地增强了科西莫的信心，并赋予了他崇高的道德意识，堪与他天生的领袖气质相称。木星因为它所起的积极作用而被占星术士称作“照命的大吉星”。人们都知道，它可以让一个籍籍无名的小辈一步登天，成为叱咤风云的大人物；也可以给人们带来身心健康、灵巧、智慧、达观和慷慨。

伽利略写道：“的确，星辰的创造者亲自给出了明证，警示我要优先使用殿下的令名来称呼这些行星。正如这些星星像木星的好儿女从来不离左右一样，谁不知道殿下宅心仁厚、性情温和、礼节周全、血统高贵、举止得体、威震四海、君临天下——所有这些品性在您身上都得到了绝佳的体现和升华呢？我说，谁不知道所有这一切都是秉承了诸善之源——上帝的旨意，由最仁慈的木星散发出来的呢？”

在伽利略宣布了他的发现之后，众声喧哗，并引起一些评论家公开猜疑：新发现的这 4 个天体对天文学会产生怎样的影响，对占星术又会有什么影响呢？

不久，“美第奇星”提供了新的天文学证据，有力地支持了哥白尼不怎么受人欢迎的日心学说。木星本身在空中绕行，而与此同时，这些新发现的卫星又会绕着木星做圆周运动；因此，地球和它的卫星月亮一道绕着太阳在太空中运动的观点似乎也不无道理。

从此，占星术不得不和天文学分道扬镳，因为它重点关注的是人世体验，要继续坚持以地球为中心的宇宙观。占星术士们觉得没必要专门为“美第奇星”划出一块新的势力范围。他们宁愿因袭原来的做法——只敬重地球的卫星，并将月亮当作一个年代久远、人尽皆知而又颇具女性气质的控制者，掌控着世人的情绪反应和日常行为模式。

比方说，在伽利略自己的生辰天宫图上，太阳在双鱼宫*，而

* 伽利略在世时（1564—1642）绘制的两张星相图显示，他的太阳星座位于双鱼宫靠近六度的地方。他于 1564 年 2 月 15 日出生在比萨，按照这个生日他似乎应该属于水瓶座（这是 1 月 20 日至 2 月 18 日之间出生者的太阳星座），但 1582 年的天文历法改革将他的生日移到了 2 月 25 日。

月亮位于天空中部的白羊宫，这表明他极具想象力、独立自主性和创造力，是一个头脑始终处于活跃状态的人，一个敢于突破现有条条框框的先驱，一个冒险家，甚至可以说是一个“天空勇士”（Sky Warrior）。同时，月亮占据的是十二世俗宫（mundane house）中的第九宫——由木星主宰的那个宫位，该宫传统上与知识和理解相关。月亮位于第九宫意味着很强的宗教与哲学信仰，也表明受过高等教育并有一位高寿的母亲，所有这一切都在伽利略身上应验了。第九宫还包括了到外国游历；虽然伽利略从未离开过意大利，但我们也可以这样来辩解：望远镜将他带上了目力所及的最远旅途。

在伽利略的望远镜目镜中，木星像个游动的小球。而在他的算命天宫图中，这颗行星位于巨蟹宫——按占星术士的说法，此时木星“处在易于发挥其正面特质的星座上”，也就是说可以通过个人体验最自由地表现出它自己的特性——而且还跟位于第十二宫的土星联合在一起。木星和土星在“幽闭之宫”[1]中排成一条直线，意味着伽利略会在四五十岁时取得成功。（他在47岁时因天文学发现而一举成名。）木星和土星联合在一起，暗示着伽利略会面临意识形态方面的危机（他后来和宗教裁判所的冲突也许可以算个例子），并会生活在隐逸和孤独之中（在生命的最后8年，他身遭软禁，就是在这种状态中度过的）。在伽利略出生时的天宫图中，木星蓬勃的增长与丰产，也因与土星令人警醒的亲近而受到了节制。

1“幽闭之宫”（house of confinement），黄道十二宫中的第十二宫，主管秘密和隐蔽的事物。

早在公元前1000年左右的巴比伦时代，木星在星象上就已具有了仁慈和慷慨的含义。远晚于那个时代的牛顿爵士（一位属于摩羯座的人），通过观察木星对伽利略星[1]的牵引，才得出了这颗巨行星的真实大小。而古人无法估算行星的大小以及它们之间的距离，那么他们怎么会想到要将木星和雄伟宏大联系在一起呢？这可算是天文学和占星术共有的一个未解之谜了。

木星的质量与其大小规模相称，它比其他8颗行星加在一起的质量还高出一倍多。单独与地球进行比较，气态木星的质量是固态地球的300多倍。按体积计算，二者的大小悬殊更大：木星的体积高出地球1000倍。

木星世界和类地行星不同，它在组成成分和运行模式方面都与太阳类似：基本上完全由氢和氦组成，并统率着一个自己的翻版“太阳系”，其中包括不少于60颗类似行星的卫星——伽利略发现了最大的4颗，自宝瓶座时代[2]伊始以来，其他人（迄今为止）又发现了59颗[3]。

尽管木星的许多卫星都是由岩石构成的，它本身却是一颗气态巨星，既没有固态表层，也不具备任何形式的地形。在地球观察者眼里，它的外表纯粹是由各种气候现象构成的一片广袤区域：看得出来的每项外貌特征都可解析为云堤、气旋、射流、霹雳或者由极光形成的帘幕。在木星上，一场风暴可以连续刮上几个世

1 即原来被称作“美第奇星”的几颗木星卫星，后来为了纪念伽利略而改名。

2 宝瓶座时代（Age of Aquarius），又称水瓶座时代。在西方星相学中，每个时代是一个时间单位，对应于黄道十二宫，每个时代延续2000至2400年。我们正在由双鱼座移至宝瓶座。

3 截至2023年2月，最新的观测研究发现木星有92颗天然卫星，反超土星9颗，再次成为“卫星之王”，但不久后又被土星赶超。

纪，根本没有登陆这个概念。它的气候模式也不会被季节性变化扰乱，因为这颗行星沿着自己的轴笔直竖立，仅有 3° 的倾角。

东西方向对刮的风暴撕扯着木星的云层，将它们排列成带水平条纹的“天蓬”。往东流的射流与往西刮的信风交错而行，形成了十来条或暗或明的“区带”。这些“区带”都牢牢地局限在各自的纬度区段内，不随时日而变迁。一代又一代的木星观察者都对这种泾渭分明的区段划分的稳固性大感惊诧。

每条风带都在自己的活动范围内上演着一幕幕的气象闹剧。比如，在南赤道带，有一种名叫“大红斑”（the Great Red Spot）的椭圆形稳定风暴。从 1879 年以来，人们一直在对它进行研究。这个斑点已经从原来鲜艳的猩红色褪成了淡橙色，宽度也缩小了一半（不过它目前的宽度仍然超过了地球的直径），但它运行的路径却从未改变过。在同一个区带内以或快或慢的速度同向流动的其他云朵，只要碰上大红斑，都会被它裹挟而去，并绕着它转上几个星期，最后要么被吞并，要么被旋开。然而，在东西向急流之间的险恶“沟渠”中所形成的小椭圆形风暴，就像风力级别较低的飓风一样，很快就会沦为剪切力的牺牲品，不消一两天工夫就给铰成了碎片。

因为木星大气中含有硫、磷和其他一些杂质，云朵也相应地呈现出了红色、白色、棕色和蓝色。风儿似乎带有一双审美的眼睛，为云朵点染上斑驳的色彩，而旋涡则将边界处打磨出羽绒般的图案。要不是每种“颜料”通常都会坚守在属于自己纬度区的特定大气层里，经过无数个世代的涡旋作用，它们可能早就因相互混杂而黯淡失色了。只有透过堆在上面的棕色和白色云朵之间的缝隙，才能偶尔看到深藏于云层底部的和煦蓝色。在数百英里高处，这些颜色又逐渐让位给了高高飘扬的冷红色。

从云层覆盖间的缝隙中，透出一抹虽然微弱却还能觉察出来的红外辐射辉光。它来自木星最初吸积阶段残余下来的热量。这些热量随着木星继续变冷和收缩，通过来自核心部分的对流，缓缓升起和散出。木星到太阳的距离高达 5 亿英里，它散发出来的热量比吸收进去的要多。因此，引发木星风暴的能量大部分来自内部，而远方投射过来的微弱阳光不过稍稍增强了一点风力而已。木星向外辐射能量的能力为它博得了“失败的恒星”的名声，但是据估计，它内部的温度只有 1.7 万度，确实远逊于让太阳光彩夺目的 1500 万度炼狱级高温。

人们在观察木星时，能看到的只是五彩斑斓的巨大云朵。这些云朵是围绕在这颗行星周围的一个薄层，其厚度在它高达 4.5 万英里的半径中仅占不到百分之一的份额。在节节攀升的压力和更趋古怪的天气条件的共同作用下，云层下的大气会变得越来越浓稠、越来越火热。甲烷和其他截留气体中所含的碳，在空中可能被压成钻石微粒。慢慢地，气体变成了一片液态氢的海洋，不再表现出气体的特性。

在这种环境中再往下走 5000 英里左右，压强可达地球标准大气压的 100 万倍以上，而液态氢又会变成不透明的、金属样的熔融态物质，并且开始带电。在木星的组成中，被压成这种古怪状态的氢，占了远超其他部分的最大份额。

按占星术的说法，每颗行星都和一种特定的金属相对应，比如：白银配月亮，黄金配太阳，水银配水星。分配给木星的金属是锡，而不是氢。但是，中世纪时的炼金术士们连氢元素都不知道，更别提木星内部制造出来的这种稀奇古怪的液态金属氢了。

现代科学家在实验室设备里使用混响冲击波（reverberating shock wave）制作出了极少量的液态金属氢，但是每次费尽千辛万苦造出来的样本都只能存在百万分之一秒。好在理论学家们已经把握了这种物质的本质特征，并通过外推法，对木星许多方面的特性进行了解释。比如说，它的磁场强度是地磁的 2 万倍，影响范围可一直延伸到土星的轨道，其起因就在于内部的液态金属氢。木星内部深埋着一台货真价实的木星发电机，那些热量外逸的暖流搅动一股易受电磁感应影响的液体急冲而过，在木星快速自转的作用下产生电流。

体形巨大的木星在略低于 10 小时的时间里就可以完成一次自转，比所有其他行星都转得快。木星庞大的身躯不禁令人回想起太阳系最初以旋转圆盘形式出现的情景，而附属于这颗行星的众多卫星，也没有一颗能拖慢它自转的速度。至于这颗巨行星在轨道上的公转，却由于远离太阳而步调缓慢，并且每年都要多走许多路。

木星在 5 倍于日地距离的地方绕日运行，因此它上面的一年会变得更长，相当于 12 个地球年（11 年又 315 天）。它沿途经过黄道十二宫，在每一宫的时间都约为一个地球年。在中国传统的占星术中，木星的缓慢步调为它赢得了“岁星”的称号——决定了中国年对应的十二生肖：鼠、牛、虎、兔、龙、蛇、马、羊、猴、鸡、狗、猪。不过，中国年的十二生肖周期和西方的黄道十二宫没多大关系，因为后者除包含金牛、狮子、巨蟹等巨兽星座之外，同时还包含了半人的双子座、室女座和水瓶座。

在西方的占星术中，每颗行星"掌管着"跟它有自然亲和力的那个星座。长久以来，木星被认为是头号幸运行星，它掌管的是人马星座（Sagittarius），即出生于11月中至12月中的人所属的射手座。这个星座的人据说能以开明的眼界和坦诚的态度表达自己的思想。在历史上的许多个世纪里，木星还掌管过双鱼座；属于这个星座的人（包括伽利略）出生于2月至3月，非常善于记忆和内省。但是后来在1846年，人们发现并命名了海王星；从此，这颗新行星在占星术上就和水关联在一起，并从木星手中夺走了双鱼座。

跟遥远暗淡的海王星不同，木星会在夜空中放射出金色的光芒，那是用肉眼就可以看到的景象。因此，从古时候开始人们就熟知了它的存在，根本无法确定人类最早发现它的时间。虽然已经推算出了木星的诞生时间，但是它的诞生地可能距离它目前所在的区域甚远。

行星天文学家们认为，木星是由45亿年前一颗处在幸运位置上的种子岩石形成的；那个位置注定了它能成长为一个庞然大物。这颗原始行星远离原始太阳，它旋转着穿过原始星云寒冷的势力范围，不断聚集着甲烷、氨和水等富含氢的化合物所形成的冰簇。年轻的木星在迅速达到地球质量的一二十倍之后，就开始吸纳星云中储量依然丰富的轻质气体，并因为吞食了氢和氦而变肥大。

小小的木星世界原本是留不住如此厚的气层的，但是它却成功地做到了这一点，因为它具有极高的质量，引力强劲——木星的引力在几大行星中是最强的。正因为如此，它也可以让从身旁经过的彗星偏离绕行太阳的扁长轨道，并迫使它们转入木星轨道。木星极有可能是通过吞噬一定数量的彗星，才增加了自身碳、氮和硫的含量。

在周期性的彗星苏梅克-列维 9 号（Shoemaker-Levy 9）撞击木星云堤时，全世界都亲眼目睹了这样一次彗星捕获过程。1992 年，这颗彗星在擦过木星时贴得太近，被这颗行星撕扯成了 21 个冰山般的大块，以及许许多多小如雪球的碎片。接下来，这些大大小小的碎块排成一长串，绕着木星转了两年，就像一串飞行的珍珠；然后到 1994 年 7 月中旬，它们在一周之内相继坠毁。它们在木星大气层中下坠的过程中，燃爆成火球，并扯出了高达上千英里的爆片拖尾。

每次爆炸都在云朵上留下了一块巨大的伤疤，最后形成了一整串黑珍珠项链，就挂在木星大红斑的南面。尽管所有的彗星碎片都撞击在木星的远端，落在望远镜的观测范围之外，但是快速的自转很快就将新近的撞击现场转入了人们的视野。然后，这些黑色污斑随着冲击波和大风向外扩散，变稀薄，一天天地消散，到 8 月下旬就完全消失了；科学家们都没来得及将彗星带来的新物质和从行星内部掘出的库存旧元素区分开来。

在彗星无意中对木星大气进行了自然探测之后，又过了 17 个月，“伽利略号”宇宙飞船于 1995 年 12 月抵达了木星，并透过云层投下了一个携带了 7 台科学仪器的机器人探测器。

在被高温和高压毁坏之前，“伽利略号”探测器坚持工作了一个小时，并以无线电波发回了它的实测报告。它发现，在高处便可看到的疾风在低一些的地方刮得更猛 —— 更证实了风力的能量来自行星内部深处的观点。探测器还检测到木星上存在较大量的惰性气体氩、氪和氙。富含这些物质的事实迫使天文学家们考虑这样一种假设：木星的诞生地远离它现在的家园 —— 在那些地方，冻藏的惰性气体才有可能融入尚处于婴儿期的木星。他们推断，木星之所以会在后来向太阳漂近了一些，是因为它和太阳系其他天体之间发生了无数次引力交互作用。

“伽利略号”探测器可以在有利位置开展现场勘测。凭借这一独特优势，它通过自己的发现，推翻了一些早就被广泛接受的定论。类似地，它没有发现的一些事物也在整个行星科学界引起了惊慌和猜疑，比如，当它返回的数据中显示木星上不存在水时，情况就是如此。

天文学家们曾预测：探测器在穿过可见的多彩氨云这一层之后，会落进厚厚的富含冰和水的低层云中；在那里，它会被淋成落汤鸡，甚至可能遭到雷击。古典的占星术士们还曾在一种中世纪医药体系中，将木星刻画成“湿润的”星体。该体系宣称不同行星所具有的冷热干湿特性会改变四种体液 —— 血液、痰、黑色胆汁和黄色胆汁之间的平衡，从而影响人的健康。湿润的木星掌控血液，会激发人的“乐天”气质，因此木星人通常显得“愉快”，明显不同于“活泼善变”的水星人、“骁勇善战”的火星人以及“阴郁寡言”的土星人[1]。

出乎所有人的预料，“伽利略号”探测器偶然地碰上了干燥区域，进入了一个罕见的热点——木星向太空释放热量的云层缺口之一。不过，“伽利略号”轨道飞行器——探测器的母舰及时地拍摄到了巨大的闪电（比地球上的雷电要明亮千倍），从而证明了那里的大气中确实存在水蒸气。事实上，就在这些绕着木星不断改变位置的“沙漠”热点的外面，大气中的许多地方看来都充满了饱和水气。

“伽利略号”宇宙飞船的轨道飞行器部分，对木星及其卫星继续开展了为期 7 年的探索。与仅匆忙地深入木星内部进行了诊断性降落的探测器不同，这个轨道飞行器成了几颗“伽利略”卫星的一位人造的长期伴侣。

“伽利略号”接受位于美国南加州的喷气推进实验室（Jet Propulsion Laboratory）任务控制人员所发出的指令，周期性地让飞船的火箭引擎点火以调整轨道；一会儿将飞船推送到靠近木星的地方，前往“欧罗巴”卫星（Europa，木卫二）附近探访；一会儿又将飞船送上远离木星的大圆轨道，飞越遥远的“卡利斯托”卫星（Callisto，木卫四）上空。当“伽利略号”宇宙飞船在几颗“伽利略”卫星之间航行时，它分辨出了每一颗卫星的特色：近旁的“伊娥”卫星（Io，木卫一）颜色最红，也是已知天体中火山活

1 在英语中，Sanguine 同时有“乐天”和“面色红润”的意思，跟血液有关；jovial 既是木星的形容词，又有“愉快”的意思；Mercurial 既是水星的形容词，又有“活泼善变”的意思；Martial 既是火星的形容词，又有“骁勇善战”的意思；Saturninel 既是土星的形容词，又有“阴郁寡言”的意思。

动最频繁的一颗；“欧罗巴”卫星上有一个冰层覆盖的咸水大洋；“盖尼米得”卫星（Ganymede，木卫三）是太阳系中最大的卫星；“卡利斯托”卫星是最原始的、被撞击得最厉害的一颗卫星。*

正如天宫图中行星的排列指示出了人生的可能性，这些卫星的相对位置也决定了它们的命运。“伊娥”卫星离木星最近，表现出了因关系过于密切而造成的创伤。木星的牵引力以引潮力的形式不断折磨着“伊娥”，使它的内部永远处于熔融状态，因此它上面的 150 来座活火山不断地喷射出熔岩火泉。

“欧罗巴”是第二靠近木星的卫星，也是最小的伽利略卫星，它同样表现出了因引潮力而造成的内热迹象。但是在欧罗巴上，熔化掉的材料看来是冰，而不是岩石。得益于“伽利略号”宇宙飞船所发挥的作用，许多科学家现在相信：有一个体积超过大西洋和太平洋总和的咸水海洋，夹在欧罗巴的冰冻表层和岩石深层之间，而且它的这些水有可能维持了某种外星生物的存在。

尽管“盖尼米得”卫星个头比水星还要大，到木星的距离也比“伊娥”卫星和“欧罗巴”卫星远，它也逃不脱引潮力：内热熔化了“盖尼米得”卫星的部分铁芯。这颗卫星包含了一个带电

---

* 开普勒（Johannes Kepler，1571—1630）曾任布拉格宫廷天文家和占星家，他在 1610 年最先将“美第奇星”称为“伽利略星”。跟伽利略和开普勒同时代的马里沃斯（Simon Marius）选用了神话中宙斯（朱庇特）最宠爱的四位情人为木星的四大卫星单独命名，并沿用迄今。［伊娥（Io）是主神宙斯的情人，后来被宙斯之妻赫拉施法变为小母牛。欧罗巴（Europa）是希腊神话中腓尼基国王的女儿，宙斯被她的美貌打动，于是就变成一头健壮的公牛将她劫持到了希腊的克里特岛。后来欧洲就以她的名字命名。盖尼米得（Ganymede）是特洛伊王子，被宙斯化身为一只大鹰抓上山去给众神斟酒；从此他便永远成了天界的水瓶侍者（水瓶座就是少年提着壶斟酒的形态）。卡利斯托（Callisto）是狩猎女神兼月亮女神阿尔忒弥斯身边的仙女，因与宙斯有私而被赫拉施法变为大熊（后成为大熊星座）。——译者注］

的、可对流的内核，因此维持着自己的磁场——与木星的磁场类似，不过要小得多，也弱得多。

只有曾遭到远古撞击并留下伤疤的“卡利斯托”卫星，才免受潮汐效应的影响。“卡利斯托”卫星距离木星相当远，需要两个多星期才能绕木星一周，而“伊娥”卫星不到两天就能转一圈，“欧罗巴”卫星只需要三天，“盖尼米得”卫星也才需要七天。同时，巨大而无形的木星磁层泡——在太空中延伸数百万英里，并吞没了所有的木星卫星——随着木星同步旋转，每 10 个小时转一圈。

当这个磁层扫过这些卫星时，它会用带电粒子对它们进行轰击，然后带着它们表面产生的新粒子匆匆离开。“伊娥”卫星上的火山将一个恒定的离子和电子流泼进这个磁层，在“伊娥”卫星和木星之间感应出强度高达数百万安培的巨大电流。事实上，在“伊娥”卫星轨道上充斥着如此多的电流活动和致命辐射，甚至对无人驾驶的宇宙飞船也构成了威胁。“伽利略号”宇宙飞船也只好等木星卫星考察任务临近尾声时，才敢冒险低空飞越“伊娥”卫星。“伽利略号”宇宙飞船每次近距离经过“伊娥”卫星时，总会有这台或那台仪器出问题——要么关机，要么运作不正常，要么因遭到粒子轰击而部分失灵。不过，最后证明“伽利略号”生命力极旺盛，甚至曾经成功地穿越了火山喷发时的浓烟，并向人类叙述了它的这次经历。

这艘英勇的宇宙飞船从一开始就遭遇了重重困难，致使它的发射被迫推迟，它的性能受到威胁，但它也因此培养出了一种独特的个性，让建造它的工程师和它所服务的宇航员们倍感亲切。

在 1982 年（原定发射年份）和 1989 年（实际发射年份）之间的某个时候，“伽利略号”宇宙飞船受到了损伤，但始终未被检测出来，直到它踏上飞往木星的征途之后很久，人们才觉察到。首先，它的伞状主天线一路上都打不开（按原来的设计，这副天线要将几十万份数字图像和仪器读数发回地球）。然后，这艘宇宙飞船的磁带记录器卡带了（原本要用它来存储两次广播之间的数据）。为了赶在 1995 年飞抵木星之前，对这艘命途多舛的飞船进行抢修和重新编程，焦头烂额的控制中心工作人员在地面上整整苦干了四年。他们的努力不仅拯救了这艘飞船，而且延长了它在轨道上的使用寿命，因此尽管通信故障致使预期的信息洪流大幅缩水，人们还是认为这次太空任务取得了成功。

要是天文学和占星术没有在那么早以前就分道扬镳，人们也许已经预测出了“伽利略号”在完成任务的过程中会遇到的一些问题。“伽利略号”在 1989 年 10 月 18 日从佛罗里达州卡纳维尔角（Cape Canaveral）发射升空。如果以这一天为它的“生日”，绘制一张生辰天宫图，就可以看出这是一艘坚强甚至带点侵略性的宇宙飞船，因为太阳处在天秤座，保持了平衡，而火星与太阳在中天结合，更增了几分野心。在上升星座方面，土星、天王星和海王星齐聚，让人感到这次太空冒险既具严肃性又意义重大。但是，水星（主管通信的行星）与木星形成了最差的角度——直角，也就是彼此相克（negative aspect）。另外还有一个不幸的水星直角，跟“三剑客”土星、天王和海王星齐聚的强大力量相抗衡。

本命星图显示木星占据了“伽利略号”的第七宫——主宰婚

姻和伙伴关系的星宫。这艘飞船通过它的毕生工作确实和木星缔结了伙伴关系，也将自己的最终命运和木星紧密联系在一起。当年事渐高的“伽利略号”飞船耗尽了用于控制转向的火箭燃料之后，它最后一次遵照来自控制中心的指令，撞向了巨大的木星。“伽利略号”随船携带了一定量的放射性元素钚。美国国家航空航天局的官员们担心：如果这些钚被遗弃在轨道上，它有朝一日可能会漂到“欧罗巴”卫星，污染那里的原始海洋，甚至杀死某些萌芽期的生命形态。

2003 年 9 月 21 日是“伽利略号”去世的日子。它降入木星的云朵中，解体，并将原子“骨灰”撒向木星风中。一位参与该项目的科学家说：“它和探测器会合了。现在，它们都成了木星的一部分。”那口吻像是在哀悼一位安息了的朋友。

在“伽利略号”漫长冒险旅程的最后时刻，这艘飞船的星象图显示：土星（终结之星）已经深入了第八宫——死亡之宫。

延伸资料

为伽利略（可能是由他本人）绘制的两幅本命占星图[1]被复制到他的全集第 19 卷中。作为一位老练的星相学家，他应该不会只

1 本命占星学（natal horoscope）进行一般常见的个人命盘的论断，与个人之个性及生活领域各方面有关的论断。以个人的出生时间、地点，或是其他重要的时间、地点来作一生运势，或者是大运流年方面的论断。主要针对个人一生的整体概况来作论断，包括个人的基本人格分析，以及个人的家庭、婚姻生活、人际关系、事业和工作、金钱财务状况等生活领域方面的论断，是进入现代占星学研究领域的基本课程。其他占星术还有世俗占星术、卜卦占星术、择日占星术。

使用太阳星座（Sun Sign）来对人进行占卜，这种做法到20世纪才时兴起来。在他那个年代，占星术中其他的限定因素还有升位（上升星座）、中天、天底以及占星图上西方水平线的下降星座。[1]

我对伽利略本命图的解释是基于占星家伊莱恩·彼得森（Elaine Peterson）2003年8月14日的推算，并根据《占星术完全手册》（*The Complete Astrological Handbook*，详见参考文献）中的条目作了补充。

伽利略关于“命运”的引语取自《星际使者》（*Starry Messenger*），这部著作记录了他用望远镜所作的发现。他对科西莫（Cosimo）的述评也摘自这本书的献呈性导言。伽利略称月亮为“星星”（star），这在他那个时代是一个正确的术语。在那个年代“木星”（star of Jupiter）被认为是在更广阔的天域中众多“恒星”（fixed stars）中一颗稀有的“游星”（wandering star）。

在伽利略于1610年1月发现了木星的4颗卫星之后，很长时间一直没有新的突破，直到1892年才由位于美国加利福尼亚州的利克天文台（Lick Observatory）的爱德华·巴纳德[2]发现了木卫五（Amalthea）。20世纪时又发现了12颗木星卫星，其中4颗是由

---

1 在占星术中，升位也称为上升星座（Ascendant，ASC），是黄道在东方水平线上升的角度。在占星术中表示自己与世界的接触，即实际存在个体的身体及特征。中天（mid-heaven）指过了上子午线最高的点，代表成就、职业及权力。天底（Immum Coeli）是与中天MC相反的宫位，位于最低点，表示家庭及祖先和一个人的根。降位（Descendant），也称下降星座（Descendant sign），是西方水平线落下的角度。与升位相反，它表示与他人的关联，涵盖了伴侣和性等方面的信息。

2 爱德华·埃默森·巴纳德（Edward Emerson Barnard，1857—1923），美国宇航员和摄影技术的先驱。因发现木星的第五颗卫星（1892年）和巴纳德星（1916年，距太阳第二近的恒星）而闻名。他还对银河系进行了系统拍照观测。

“航海家 2 号”发现的。为这些卫星和最近被夏威夷大学的天文学家们发现的另外 43 颗卫星命名时，还在继续使用古希腊罗马神话中主神“朱庇特”的密友。

1766 年，亨利·卡文迪什（Henry Cavendish）发现了氢气。它的金属形式[1]在 20 世纪 30 年代首次被预言存在；1996 年，位于加州的劳伦斯·利弗莫尔国家实验室（Lawrence Livermore National Laboratory）通过对一片很薄的液态氢施加 200 万标准大气压的压强，将它造了出来。

早在公元前 18 世纪，美索不达米亚[2]的苏美尔人[3]就记录了对星座的观测，包括狮子座（Leo）和金牛座（Taurus）在内的几个星座名至今仍在使用。到公元前 15 世纪中叶，人们对西方黄道十二宫有了较完整的认识。

尽管木星的一颗卫星——木卫二有望在太阳系内为人类提供另一个住处，但科学家们认为木星上肯定不存在人类。“伽利略号”探测器在木星的大气层中没有发现复杂的有机分子。

---

1 金属氢是氢气在一定压力下转化成的固态结晶体。金属氢在室温下不需要密封就可以保存很长时间，其爆炸威力相当于同等质量 TNT 炸药的 25 ~ 35 倍。这种威力强大的化学爆炸物被称为金属氢武器，是第四代核武器之一。其爆炸威力比同质量的普通高能炸药的能量大 100 万倍。

2 美索不达米亚（Mesopotamia），古代西南亚介于底格里斯河和幼发拉底河之间的一个地区，位于现在的伊拉克境内。可能在公元前 5000 年以前就开始有人在此定居。这一地区孕育了众多的人类早期文明，其中包括苏美尔文明、阿卡德文明、巴比伦文明和亚述文明。蒙古在公元 1258 年的侵略破坏了该地区发达的灌溉系统，这一地区的重要性也随之降低。

3 苏美尔人（Sumerians），一个古代民族的成员，很可能具有非闪米特的起源。在公元前 4000 年期间在苏美尔建立了一个城邦国家，这是已知最早的具有重大历史意义的文明之一。

第九章　天体音乐（土星）

在1914—1916年，英国作曲家霍尔斯特（Gustav Holst）创作了目前已知的唯一一部献给太阳系的交响乐——作品32号《行星组曲》（*The Planets, Suite for Orchestra*）。对于这个主题，海顿的《水星》（降E大调第43号交响曲）和莫扎特的《朱庇特》（C大调第41号交响曲；K.551）都进行过探讨，但不如这部作品深入。事实上，在莫扎特去世几十年之后，他的这首曲子才被冠以《朱庇特》之名。与此类似，贝多芬的《月光奏鸣曲》在问世之初的30年里，一直被称为作品27第2号；后来因为一位诗人将它的旋律比作辉映湖面的月光，才被改为沿用至今的这个名字。

《行星组曲》包括7个乐章，而不是9个。在霍尔斯特创作这首曲子时，人们还没有发现冥王星，而地球也被他排除在外。但是，这首乐曲还是被当作太空时代的伴奏音乐流传了下来，一则因为人们依然喜爱它，二则因为还没有其他作品可以取代它。为了弥补它的缺憾，当代作曲家们创作了一些新的乐章，比如《冥王星》《太阳》和《X行星》，可以根据演奏需要临时进行补充。

霍尔斯特是通过占星术对行星产生兴趣的。1913年，在阅读了大量星象书之后，他开始利用星象为朋友们进行占卜，并思索行星在占星术方面的意义，比如“木星：欢乐使者”“天王星：魔法师”以及“海王星：神秘主义者”。他那同是作曲家的女儿伊莫金（Imogen）曾为他立传。她回忆说，她父亲因为占星术方面的“癖好”进而学习了天文学，而且“每当他想一下子弄懂太多东西的时候，他就会兴奋得体热心跳。他一直在孜孜不倦地探求着时空连续统的问题”。

至少在公元前6世纪时就已盛行着这样一种说法：音乐和天文学之间存在天然的密切关系。当时希腊的数学家毕达哥拉斯认识到“弦音中藏有几何”以及“天体间存在音乐”。毕达哥拉斯相信：宇宙的秩序和音阶的音调都遵循着同样的数学法则和比例。两个世纪之后，柏拉图在《理想国》中重申了这一观点，并提出了“天体音乐”这个令人难以忘怀的术语，以描绘宇宙具有旋律优美的完美性。柏拉图也用到了“天体和谐”和“最壮丽的合唱”这样的词句，来暗指天使的歌声，尽管它们特指的是行星在旋转中所产生的无人听闻的复调音乐。

哥白尼在编排他以太阳为中心的宇宙模型时，援引了“行星的芭蕾”这种说法，而开普勒在哥白尼的基础上开展工作时，又一再求诸大调和小调音阶的叫法。1599年，开普勒将行星的相对速度和弦乐器上可演奏音程进行类比，得出了一个C大调和弦。在这个和弦的6个音符中，距离最远且运行最慢的行星——土星的音调最低，而水星的音调最高。

在创立行星运动的三大定律时，开普勒将行星之声从单个音符扩展成了短小的旋律。在这些旋律中，单个的音符表示不同轨道上某个定点处的不同速度。他说："用这些声音交响共鸣，人们在不到一个小时的时间里就可以演奏出永恒，并通过模仿上帝的音乐所唤起的甜美快感，得以在较小的程度上体验到专属于那位'至高无上的艺术家'的喜悦。"

1619 年，开普勒出版了《宇宙和谐论》(*Harmonice Mundi*) 一书。在该书中，他画出了五线谱，用调号[1]表示不同的分谱，并用他那个时代通用的带空心菱形符号的文字记谱法[2]来标定每颗行星的主旋律。高度怪异、高速度而又高音调的水星副歌 (refrain)，比在低音 G 调和低音 B 调之间缓缓往返轰鸣的土星低音谱号 (bass clef) 高出了 7 个八度音阶。

开普勒说："看到天体和谐的神圣景象，我感到整个身心被一种无法言喻的狂喜所占据，难以自已。如果天空中充满空气，那里会实实在在、真真切切地传出音乐声来。"*

1977 年发射的两艘"航海家号"(Voyager) 宇宙飞船——目前正在飞向位于太阳系疆域边界的外太空——继续发扬了这一音乐传统。作为派往可能存在的地外文明的特使，两艘飞船都携带了特制的金唱片（自带完整的播放设备）。唱片上播放的是天体音

1 调号 (Key-Signature)，在谱号之后用来标示谱表上的音阶从而建立调性的一个或几个升降号。

2 文字记谱法 (tablature)，不是标示出所要发的音而是以文字或其他记号标示出所要用的琴弦、品、键或手指的古代器乐记谱法。

* 保罗·辛德米特 (Paul Hindemith) 创作于 1956—1957 年的歌剧《世界的和谐》(*Die Harmonie der Welt*) 将开普勒在行星次序方面的工作搬上了舞台。

乐，其曲调是用计算机产生的，表示了太阳系各行星的速度。“航海家号”宇宙飞船的星际唱片还会以55种不同语言打招呼，并播放选自多种文化、多位作曲家的乐曲，包括巴赫、贝多芬、莫扎特、斯特拉文斯基（Stravinsky）、路易斯·阿姆斯特朗（Louis Armstrong）和查克·贝里（Chuck Berry）。

不知是有意为之，还是出于灵感突发，霍尔斯特的《行星组曲》并未遵照太阳系行星的既定次序。1914年7月，他创作了《火星：战争使者》，作为《行星组曲》的第一乐章。那年秋天爆发了真正的战争，即霍尔斯特那代人所谓的“大战”，但是年届不惑的霍尔斯特却因为神经炎和近视而未能亲赴沙场。他直接移师创作了第二乐章《金星：和平使者》。整首组曲在演奏的时候，与谱写的时候一样，总是起始于火星，再往内到金星和《水星：飞行使者》，然后又往外跳到木星，再一路直奔土星、天王星和海王星，此时隐身于舞台后一个房间中的女子合唱团会唱出终曲，并让声音（无损音调地）逐渐消失在缓慢而安静地关闭的门后。

让霍尔斯特惊诧的是该组曲甫一推出就大受欢迎，演出的成功让这位已颇有成就的音乐家声名鹊起。在不得不公开对《行星组曲》进行评论的情况下，他表示：他自己最喜欢《土星：老年使者》——组曲7个乐章中最长的一个乐章，长达9分40秒。霍尔斯特在为土星进行辩护时说：“土星不只是带来体力的衰退，还会让人看到完满。”

头一次通过安放在后院的望远镜看到带环的土星——属于另

一世界的标志——极有可能让一位从未想过要涉足天文学的观察者永久性地变成天文学家。雄壮的土星环系从一个环脊（ansa，即土星环的尖端）到另一个，张开成一个宽达 18 万英里的圆碟。它巨大的宽度直逼地球和月球之间的距离，但是环的平均厚度仅相当于一幢 30 层楼房的高度。在霍尔斯特所处的那个时代，天文学家起先试图用薄烤饼和唱片来描述这些扁平得无与伦比的环，最后定下来将它比作一张有足球场那样大的衬衫硬纸撑板[1]。（此后因为有了更精确的测量数据，这个譬喻中的“衬衫硬纸撑板”又被替换成了面巾纸。）

土星跟木星和金星一道，出现在霍尔斯特心爱的科茨沃尔德[2]的一幅夜空风景画上。1927 年，在纪念霍尔斯特最后一次指挥《行星组曲》演奏的庆祝会上，人们将这幅画赠送给他。画家哈罗德·考克斯（Harold Cox）说，他在动笔创作这幅画之前，曾就这些行星在 1919 年 5 月的某个夜晚所处的正确位置，咨询过英国皇家天文学家。就在那一年，人们首次在音乐会上听到了《行星组曲》，而霍尔斯特也赢得了英国皇家音乐学院的教授职位。在这幅画上，土星看上去就像是个小亮点，比木星和金星都要黯淡，当然也没有环，因为肉眼分辨不出著名的土星环系。但是，这并不是说在这张画上看不出或不存在环系的作用。恰恰相反，它们因为冰雪的反射而闪闪发光，使土星的光泽几乎增加了

1 衬衫硬纸撑板（shirt cardboard）指的是在进行专业干洗时用来垫在里面折叠男士衬衫的薄硬纸板，其大小大致相当于 A4 打印纸。

2 科茨沃尔德（Cotswold）堪称英国最美丽的小乡村，拥有隐秘的小山谷、小镇、村落、教堂以及银色石灰岩所隔成的田野，完全一派经典的英格兰乡间山光水色。

三倍。土星环系的所有组成部分，从细小的微尘到大如房屋的巨石，就算不是完全由冻结的水组成，至少也被认为是外面裹了一层冰。但是，就星体本身而论，土星跟木星一样是气态巨行星，其主要成分是氢和氦，只是比木星个头小，也显得更苍白，到太阳的距离又远了一倍。要是外面没有环绕着大大小小的冰晶、雪花和雪球，土星根本无法让身在 10 亿英里之外的地球观察者觉得耀眼。

1919 年 5 月，土星环系向地球倾斜，为绘制土星图提供了方便。大约每过 15 年就会出现一次，或更精确地说在土星沿太阳轨道绕行一周的 29.5 年中会出现两次，土星环系将侧边对准地球上的仰慕者，收敛起它们讨人喜欢的光芒。在这种情况下，即使用望远镜进行观察，能看到的土星环系也只不过是横亘在土星微黄星体上的一道细细的阴影。土星环系的早期观察者们对这种周期性的失踪现象感到大惑不解。

伽利略在 1610 年 7 月最先看到土星旁边有鼓包，并把它们错误地当成了一对亲密的“伴侣”——它们不像木星的那些卫星一样在四周绕行，而是从侧面抱住土星，因此看上去像个“三体儿”。伽利略在接下来的两年里继续观察土星，并在 1612 年晚秋时分惊讶地承认，他发现这颗行星突然被它原来的同伴抛弃，变成了圆形，并开始独行。在给一位哲学家同人的信中，他这样写道：“对于如此奇怪的一种变形，又该作何解释呢？”或许土星也跟与之相对应的神话人物萨图恩（Saturn）一样，“将自己的孩子们一口吞下”？

伽利略预言，土星的伙伴们还会回来；但等它们真的回来时却模样大变了。1616 年，他先是说它们像土星的一对手柄，后来又将它们比作两只耳朵，不过他始终没有弄清它们真实身份的奇妙本质。直到 1656 年，土星外形改变之谜才由荷兰天文学家惠更斯（Christiaan Huygens）揭开：存在“一个宽阔而扁平的环，它跟土星一点儿也没有接触，且朝黄道面方向倾斜”。惠更斯在他出版于 1659 年的《土星系统》（*Systema Saturnium*）一书中，对此给出了完整的解说。*

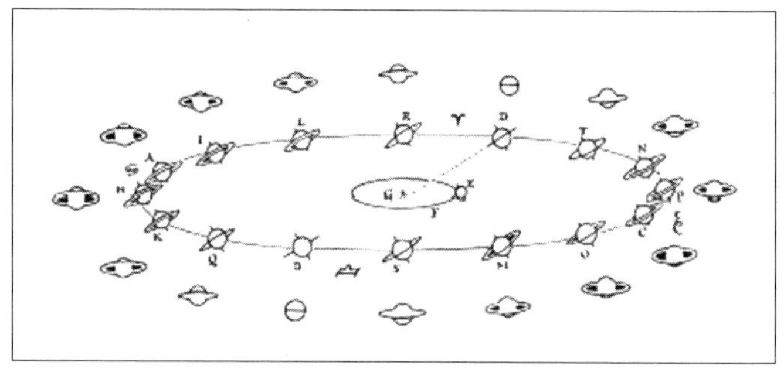

克里斯蒂安·惠更斯为他出版于1659年的《土星系统》准备了这张图，以表明在29.5年的公转周期中，地球仰慕者眼中的土星外形会如何改变。

惠更斯在谈及“土星之环”时，总是将它当作一个固态的实体；人们也一直这样认为，直到 1675 年，巴黎天文台台长卡西尼（Jean-Dominique Cassini）看到一条黑色的分界线将该环分成同心

---

* 伽利略和惠更斯都擅长弹奏鲁特琴（lute），并结交了许多作曲家朋友。惠更斯还试验了一种具有 31 个音调的等程音阶（equal-temerament scale），直到 20 世纪，依然在影响着荷兰的音乐。

的两个环带，后来分别给取名为“环带 A”（外侧的那道）和“环带 B”（内侧的同时也是较明亮的那道）。两个世纪之后，人们在 1850 年又发现了第三个环带——黯淡的内侧“C”环——只是那时还没有谁可以确定这些环是如何形成的。针对土星环的结构，百家争鸣，有人认为是一些固体薄层，有人认为是大群的小卫星，有人认为是作轨道运行的液体所形成的河流，还有人认为是行星散发出的蒸气。

1857 年，来自苏格兰的年轻学者麦克斯韦（James Clerk Maxwell）根据他的数学计算夸耀道：“由一次实在令人吃惊的符号冲突，我成功地探出了固态环思想的几处漏洞，如今我正跃身投入流体环理论之中。”麦克斯韦确信尺寸如此大的一个固体结构在土星的引力作用下一定会分崩离析，于是就给出了一个很好的解释：这些环是由数量非常巨大的单个颗粒组成的，因此在远处看去很容易将它们错误地当成一个整块。根据开普勒定律，每个颗粒必定会遵循各自的运行轨道，其中距离土星最远的颗粒速度最慢，而近一些的则运动得更快些，那情形就像土星本身绕着太阳缓步慢行，而水星则会大步流星。（开普勒该为如此众多的天体谱写一部怎样的合唱曲呢！）

在那些拥挤的环内，相邻的颗粒互相推挤，通过交换能量和动量，将彼此撞入更宽或更窄的轨道中。这些颗粒也可能因为碰撞而被甩到扁平环面的上面或下面，但是离群者很快又会被赶回到队伍里去。

自 1966 年以来，又有 4 个环——其编号分别为 D、E、F 和

G——加入了土星原来的 A、B、C 环的行列之中。作为一个群体，人们根据发现的先后次序给它们编了号；于是从土星开始依次向外排列时，就成了乱序：D、C、B、A、F、G、E——就像音阶练习时的音符。每个编号的环带区域和其他区域的不同之处在于，些微的颜色或亮度变化、不同的颗粒密度或者非同寻常的形状。从访问土星的宇宙飞船所处的有利视角看过去，每条编了号的环带又进一步细分成无数的狭窄小环带，由同样数目的小缝隙将它们彼此分隔开，而内嵌的小卫星则巡游其间。

土星环系可能是由一颗冰质卫星在破碎时形成的，也有可能源自一颗被土星俘获的小行星，其直径当在 60 英里上下。这个倒霉的天体在几亿年前就被摧毁了，如今可能还在努力奋斗，试图在土星轨道上再次纠集成形。它的组成颗粒彼此通过万有引力相互吸引，并聚在一起形成较大的团块，吸引更多的颗粒加进来，从而保持增长的势头，但是它顶多只能大到一定的程度。任何聚集的环体在超过某个尺寸上限后，就会被土星的引潮力扯开，因此这些四分五裂的碎块似乎已命中注定了没法重聚成一颗卫星。

地球的卫星（月球）也经历过一个类似的阶段——碰撞碎片在地球周围形成了一个环，但是因为这些碎片在距离我们地球足够远的轨道上绕行，逃脱了引潮力的毁灭性影响。而在土星上空，这些环却在很近的地方挤作一团。它们处在一个靠近土星的区域，永远难逃被扯得支离破碎的命运。这个区域被称为洛希区，以 19 世纪法国天文学家埃多瓦·洛希（Edouard Roche）的名字命名，因为他定义出了行星卫星的安全高度。那些较大的土星卫星，统统都远远地置身于土星环外围的洛希极限之外。但是，土星的大家庭（上次统计时有40多颗卫星[1]）包括了许多位于环内和环间的小成员，使这些环的情况显得越发错综复杂。比如说，F环之所以会具有特别扭曲而狭窄的轮廓，就是两颗与之相伴的小卫星共同作用的结果，其中一颗沿着环内侧快速运行，而另一颗则环绕在外侧。它们合在一起起到了“牧羊犬”卫星的作用——将中间的颗粒群赶到一起，拢成团块状（clump）、锁结状（knot）、麻花状（braid）、绞纽状（kink）[2]。

“卡西尼号”宇宙飞船在2004年夏天飞抵土星时，以这种方式宣告了自己的到来：先穿越F环和G环之间的环隙，向上翱翔，再掠过宽阔的环平面，然后向下俯冲，从同一条环隙的另一端穿出来，毫发无损地完成了整套动作。相对而言，环隙中空旷少物；这是土星的卫星和环内的颗粒相互作用的结果，它们遵循的正是毕达哥拉斯用弦做实验时所定义的规则。

毕达哥拉斯已表明：弦长减半，音调升高八度。他说，同时弹奏这两种长度的弦，会悦耳动听，因为它们的颤动会以整数倍关系2：1发生共振。其他整数倍关系或共鸣会产生另外一些动听的音程，比如三度、四度和五度。伽利略在《关于两门新科学的对话》（*Two New Sciences*）一书中对共振效果进行了评价，他

---

1 截至2023年5月16日，土星的自然卫星数目已增至145颗（人造卫星数目仍然是1颗），而且这个纪录之后可能还会被刷新。

2 在英语中，“knot”和“kink”都有“纽结”的意思，据作者解释二者差别并不大，但“knot”是像打领带一样打出来的结，而“kink”则多指材质的弯折或卷曲。

认为“八度音阶过于平淡，缺乏火气”，而3 ∶ 2的共鸣声（五度音程）则会逗得人“耳膜发痒，因为它柔和中带些弹性，给人的感受恰似同时遭到温柔的亲吻和啮咬”。

在土星环系中，最明显的共振效应是“卡西尼环缝”（Cassini Division）——位于A环和B环之间的一条宽达3000英里的裂缝。产生这个环缝的原因是：它和远在4万多英里外轨道上绕行的卫星麦玛斯（Mimas，土卫一）发生了2 ∶ 1的共振。卡西尼环缝中的颗粒每绕土星转两圈，土卫一就转一圈，因此这些颗粒刚好在轨道上的两个定点处一次次地赶超慢速运行的卫星，并被卫星的引力扯出去。在富于节奏的重复的推波助澜之下，卫星的牵引最终会将这些颗粒撵出共振轨道，清出一条缝。在A环的外侧有一条类似但较窄的缝，被称作“恩克环缝”（Encke Division）——为纪念柏林天文台前任台长恩克（Johann Encke）而得名。这条环缝和土卫一发生5 ∶ 3的共振，同时又和另一颗卫星发生6 ∶ 5的共振。而A环外缘的扇贝形边饰——6片花瓣状的旁瓣，也是和两颗小卫星（它们处在同一轨道上，可能原本就是一体的）发生7 ∶ 6共振的结果。

这些土星环也和土星快速自转的磁场节拍发生共振。这个磁场是由土星内部的液态金属氢产生的，随着土星每10.2小时一圈的自转而转动。因此，B环中运动速度刚好这么快——或一半快，或两倍快——的颗粒都被赶出了轨道。

在长达300年的时间里，土星是带环世界的唯一主宰，这种局面一直维持到20世纪70年代和80年代，然后有新的天文发现表明：所有巨行星都带着某种环。木星有纤细而透明的“薄纱”环，由几颗小卫星表面剥落的碎屑组成。天王星拥有 9 个暗色的窄环，因受“牧羊犬”卫星约束而界线分明。而海王星的 5 个昏暗不明而又布满粉尘的环在厚度上极不规则，有些部位薄到什么也没有似的，让人感觉像是一段段不连贯的环弧。这些新近发现的环系，根本没法和巴洛克风格甚至是洛可可风格的土星环系媲美。更确切地说，其他环系每一个都只体现环动力学方面的一种细微变化——这类现象在土星上也会出现，但全都淹没在那繁复的变化和装饰之中了。

所有的环都处在不断的变化之中，重复着一轮又一轮的构建和瓦解。年复一年，它们还是老样子，却又有所不同。它们在内部撞击的摩擦中磨损和消耗，而新注入的卫星尘埃和落进环中的陨石又补充了颗粒的供应。

作为引力与谐振的产物，每个环系都为宇宙构设提供了一套样板。这些行星环令人回想起我们整个行星系的诞生——它们都出身于 50 亿年前绕着尚处于婴儿期的太阳转动的扁平圆盘。如今，行星环系还可以在所谓的原始行星盘（protoplanetary disk）那里频频得到回响，一般可在一些遥远的年轻恒星周围辨认出这种原始行星盘——气体和尘埃等原材料正在那里合力打造新世界。因此，土星环不仅将我们太阳系和其他正在构建中的恒星系联系在一起，而且将当前的太阳系和它自己古老的过去联系在一起。

正如霍尔斯特在写给友人的一封信中所言：“音乐和天堂一

样，不是让人激动片刻的东西，甚至也不是让人兴奋数小时的东西。它是一种永恒的存在。”

延伸资料

希腊神话中的萨图恩（Saturn），也称克洛诺斯（Cronus）。他害怕自己的孩子会杀害他——就像他杀了自己的父亲乌拉诺斯（Uranus）一样——以争夺对宇宙的控制权，于是就将他们吞食下去。还处在婴儿期的宙斯（朱庇特）逃脱了吞食，后来他又推翻了克洛诺斯的统治。

所谓的经典土星环——A 环、B 环和 C 环——从土星中心向外伸展了 8.5 万英里，也就是说从一个末梢到另一个末梢的距离为 17 万英里。这些环用小望远镜就可以看到，大家熟悉的土星图片上画出来的就是这几个环。狭窄而扭曲的 F 环紧挨在 A 环外面，距离 A 环外圈仅 2000 英里，而它的环体只有 30 英里宽。再往外，是半透明的 E 环，它从距离土星中心 10 万英里多一点的地方开始，本身宽度接近 20 万英里，因此这个环跨度达到了 60 万英里，是地球和月球间距的两倍多。它将土卫二的运行轨道包在环内，由这颗闪亮的卫星脱落在身后的冰质碎片组成。

D 环和 E 环分别在 1966 年和 1970 年由安放在地面上的望远镜探测到。（实际上先被发现的是 E 环，但是天文学家们对它的存在质疑了好几年，而 D 环在发现后马上就得到了认可。）“先驱者 11 号”在 1979 年发现了扭曲的 F 环，“航海家 1 号”在 1980 年发现了 G 环。

洛希极限[1]适用于那些由重力聚在一起的物体。“卡西尼号”宇宙飞船之所以能安全地闯进土星的洛希极限区，是因为它的部件是用螺母、螺钉和金属原子的晶体内聚力组装在一起的。

美国天文学家丹尼尔·柯克伍德于 1866 年首次提出了共振轨道（Resonant orbit）的概念，使用共振来解释小行星带（Asteroid Belt）中轨道分布的间隔，比如卡西尼缝和土卫一之间存在 2∶1 的关系。

这些巨型行星的自转周期最初通过对特定的风暴进行计时来测量。现在它们是由每个行星的磁层的转速来确定，“航海家 2 号”就是用这种方法进行测量的。因为行星的磁场是从它内部的深处产生出来的，所以科学家们可以假设二者以相同的转速旋转。

---

1 洛希极限（Roche limit），有流体内核的卫星可以环绕主星转动而不被引潮力拉碎的最近距离。实心体可在洛希极限里存在，只要引潮力不超过固体结构强度的承受范围。洛希极限的计算公式为：$RL=\sqrt[3]{2.456R\rho'/\rho}$，其中$\rho'$是行星密度，$\rho$是卫星密度，$R$是行星半径。

第十章　夜晚的空气（天王星与海王星）

赫歇尔一家辛勤地工作了许多年。威廉·赫歇尔爵士（Sir William Herschel）在各种科学期刊上发表论文，前后持续了40年之久。他儿子约翰·赫歇尔爵士（Sir John Herschel）的活跃时间更是长达57年，约为一般人工作年限的两倍。威廉·赫歇尔爵士享年83岁，约翰·赫歇尔爵士也活到了78岁，而威廉爵士的妹妹卡罗琳去世时已是97岁高龄——似乎是要证明女人可以比男人长寿，且可以工作更长时间。

一些人因为工作关系，必须呼吸夜晚的空气，并深受其影响，可是他们却能长寿。你说夜晚的空气是否有损健康的问题还值得讨论吗？因为实用天文学家主要在户外工作，呼吸的是清新的夜间空气，而不是室内的污浊空气。（我记得弗洛伦斯·南丁格尔曾经这样问道：在夜里，除了夜晚的空气之外，人们还能呼吸什么空气呢？）

——美国天文学家玛丽亚·米切尔（Maria Mitchell，1818—1889）

1847年11月于德国汉诺威

亲爱的米切尔小姐：

对于你最近做出的发现，请接受我最热烈的祝贺。在收到你的来信之前，我已从欧洲大陆的好几条渠道以及我在伦敦的侄子*那儿，听到了“米切尔小姐的彗星”这种说法，但是我多么欣喜地得知你在这样一个荣耀时刻还记得我，并费心与我这个老婆子分享你的成功。的确，如你所言，有一条特殊的纽带联系着你我。尽管我自己的望远镜已成了我起居室的主要装饰品，我还是可以用它观看到许多彗星从黑暗中涌现出来。起初，它们貌不惊人，平淡无奇，但是等它们接近太阳之后，就会萌生出大大的毛冠，伸展出长长的尾屏，变成一只只宇宙孔雀。

我特别欣慰地听到这颗新彗星会用你的名字——米切尔小姐命名，因为这种名声可以让你的未来得到保障，比什么都管用。我发现的彗星中有一颗是以恩克教授命名的，因为他后来计算出了它的轨道，并对它的回归日期进行了预测。** 此外，还有7颗“女士的彗星”归在我的名下，不过我根本不需要这些，我兄长的英名足以为我提供有力的庇护，而我作为他的助手还能领到一笔皇家津贴。但是你，一位年轻女子，在一个年轻的国度里独自拼搏，不管是为了减轻你家人对你前途的顾虑，抑或是为了让世人

* 卡罗琳·赫歇尔（Caroline Herschel）的侄子约翰·赫歇尔爵士（1792—1871）曾任英国皇家天文学会会长，他是于1781年发现天王星的著名天文家威廉·赫歇尔（1738—1822）的儿子。

** 这颗彗星以约翰·弗朗兹·恩克（Johann Franz Encke，1791—1865）命名，他在1825年担任柏林天文台台长。该彗星每过3.3年回归一次。

对你的才干刮目相看，你发现彗星的成就，无疑要超越你在南塔基特（Nantucket）图书馆的工作。

正如令尊——愿上帝保佑他——鼓励你追求自己的理想，我兄长也是这样支持我的。不过，我觉得更正确的说法应该是：他之所以对我进行训练，是因为他需要一位得心应手的助手，能任劳任怨地在他身边长时间地埋头苦干，而雇工、合同工或仆役大概都帮不上这种忙。具有讽刺意味的是，虽然我成了威廉进行天文研究的左膀右臂，并为他记下了所有夜间观察的正式记录，但是就在他发现这颗已被我们很高兴地称作天王星的“彗星”的那个夜晚，我却不在场，因为那个星期我生日。*

当然，威廉的本意并不是要寻找一颗新行星，因为我们几乎已经认定太阳周围只有6颗行星在运转。他在反复扫视天空时看到了一团模糊不清的东西，凸显在群星的亮点之中，于是他很自然地想弄清：他是碰到了一颗可以将其发现权据为己有的新彗星，还是别的什么人已发现的彗星重新造访地球了，抑或是看到了能让他心无旁骛的、更为神秘的众多星云状天体之一？

米切尔小姐，你尝到过有望最先看到这样一种可能性的滋味，也经历过焦灼的等待时光——等待出现下一个万里无云的夜空，好将你的目光投向天空中同一个地点，满心企望着你原来看到的那个模糊光点已经不在原处，而是在群星间漫游，这样它就可以通过运动表明：“没错，我是一颗彗星，因为你逮住了我，说不定

---

* 威廉爵士在1781年3月13日，也就是他妹妹31岁生日前三天的晚上，首先注意到后来被证明为天王星的天体。3月17日，他确定了这个天体的运动。

我就真的属于你了。”

马斯基林博士是最早证实威廉的发现的人，只是他声称在他见过的所有彗星中这一颗最古怪——它没有彗尾，也没有彗发，却有一个轮廓分明的盘面，搅得人心神不宁。我想，他那时就已怀疑威廉发现的是一颗行星，而不是一颗彗星，这对于一个皇家天文学家而言确实是一件非同寻常的事，而马斯基林博士这个大好人又不习惯于创造性的跳跃思维。* 当然，皇家天文学家的工作并不需要想象力，而只要求在绘制星空图时纤毫不爽就行了——而这恰好是马斯基林博士的特长；但是这次他似乎做好了思想准备，很愿意接纳一颗新行星。谁又猜得到他心里是怎么想的呢？

正是他敦促威廉给英国皇家学会写了一篇论文。威廉为这篇论文取了个简单的题目——《对一颗彗星的说明》（*Account of a Comet*）。4 月，皇家学会的一名会员在伦敦召开的一次会议上大声宣读了这篇论文，与此同时，我们继续留在巴斯（Bath），因为威廉当时还在八角教堂（Octagon Chapel）担任全职的管风琴手，而且这颗不经意中被发现的“彗星”还打乱了我们一项有关恒星观察和双星间距测量的繁忙计划。尽管我们拒绝去伦敦，但不久大半个伦敦的人都跑到我们这儿来了，来参观我们带有地下工作室的小房子，以及那架安放在院子里、长达 7 英尺的望远镜。**

---

* 马斯基林牧师（Reverend Doctor Neville Maskelyn，1732—1811）从 1765 年开始到他去世为止，一直担任英国的第五任皇家天文学家。他对赫歇尔小姐所发现的几颗彗星中的一颗进行过确认，并称她为“我在天文界的一位值得尊敬的姊妹”。

** 赫歇尔家那所乔治王时代风格的小房屋，位于英国巴斯市新王街 19 号，现已被辟为威廉·赫歇尔博物馆，向公众开放。这架 7 英尺长的“天王星望远镜”连同它 6 英寸大的反射镜一起，存放在伦敦科学博物馆。

在威廉的彗星引起我们的兴趣后不久，它就“度暑假”去了，一连数月在白昼的天空中踪影全无，因此没有人能积累足够的观测数据以确定其轨道。等它在 8 月底返回天空时，我们——此时我敢说欧洲一半的天文学家都加入了威廉和我的行列，且不说还有俄罗斯人——全都紧盯着它。夜复一夜，我们努力将自己的观察结果往彗星典型的抛物线轨道上套，而这个天体却不肯就范，并且顽固地沿着圆弧轨道运行。整个秋天，它都没有为我们闪耀，也不肯让我们开心地目睹它闪亮的拖尾。到了 11 月，真相终于大白：这颗“彗星”是一颗行星，它到太阳的距离是土星的两倍！

米切尔小姐，正如我费力地向你解释的那样，我们在发现它半年多后才恍然大悟。威廉以为他发现的是某样东西，结果却是另一样完全不同的东西。等他的丰功伟绩大白于天下，人们纷纷传言，他通过发现这颗遥远的行星，单枪匹马地将太阳系的地盘扩大了一倍。于是，英国国王乔治也向他提供了官方庇护，其中包括一笔丰厚的津贴，大致相当于马斯基林博士薪水的三分之二。这颗行星出现在绝佳的历史时刻，因为英国王室刚失去了美洲的殖民地。

威廉被广泛地称颂为人类历史上第一位发现行星的人，于是他不用再教音乐课了，也不用去音乐会演奏了，转而成了一名专职的天文学家。在法国，一些人鼓动着要将他新发现的行星命名为“赫歇尔行星”，就像将你的新发现命名为“米切尔彗星”一样。从未听说过威廉的人也不得不承认：每个大天文台的观测仪器在他自制的望远镜面前都应该感到羞愧。威廉自掏腰包、亲手制作的这些东西，让每个前来参观的人都带着深深的震撼离开我们家。几乎每封祝贺信都附带了这样一项要求：请威廉卖一台观测仪器给他们。

但是，这些吹捧并没有冲昏威廉的头脑，他对“赫歇尔行星”之类的提议毫不理会。我们俩都觉得用发现者的名字命名彗星没有什么问题——因为这种做法在我们这个领域已有先例，而且彗星可能数目众多——但是为行星命名则是一桩稀罕得多的事件，迫切要求采用不同的标准才行。

威廉提议用“乔治之星”（Georgium Sidus）命名，以答谢英国国王乔治的慷慨仁慈，但是很快就有人指出，任何涉嫌向某个国家效忠的名字对天体而言可能都是不恰当的。人们还提出了许多其他的名字；最后柏林的波德先生（Herr Bode）在神话故事中寻找时，想出了“天王星”这个妥帖的名字。* 因为波德出版了一份星历年鉴，他在这类决议上有举足轻重的发言权；但是即便如此，这颗行星在长达 60 年的时间里一直有 3 个名字——在欧洲大部分地区叫“天王星”，在法国叫“赫歇尔行星”，而在英国则叫“乔治之星”——最后“天王星”得到了普遍的认同。在这个过渡期里，一位化学实验奇才——又是一位德国人，名叫克拉普罗特（Klaproth）——从沥青油矿中提炼出了一种金属，并称之为“铀”。他告诉我们，古时候的炼金术士通常会用行星的名字为他们的金属命名，他认为这颗新行星也应该有一种以它

* 波德（Johann Elert Bode，1747—1826）是《柏林天文年鉴》（*Berliner Astronomisches Jahrbuch*）的编辑，他在 1786 年出任柏林天文台台长。

命名的金属。*

不管这颗行星的名字叫什么，天文界关注的焦点还是确定它的轨道。我们也想弄明白“天王星”以前怎么就能逃过人们的探测；因为虽然威廉观察到它时用了性能卓越的望远镜，但是一旦被告知往哪儿看之后，其他天文学家用较差的仪器也可以轻而易举地找到它。这意味着，对于这颗行星过去的位置，旧时的记录可能会给出一些有用的信息——那是过去的观察者无意中留下的，他们可能将它错误地当成了一颗恒星。大概是因为波德先生对他那满是表格的年鉴倾注了大量心血吧，他承担了这项任务，并且很快就得到了回报。他在一张 1756 年的星空图上发现了一颗星星，它后来在这个特定的坐标上再也没有出现过。虽然那个地方如今变成了空白，但是根据人们尽可能成功地对天王星所作的描述，它的运行轨迹在 1756 年应该正好会经过那一点。结果证明这是一条非常鼓舞人心的证据，波德赶紧到古代记录中去寻找更多有关这颗新行星的描述。实际上，威廉并非第一个误判天王星的人。令人肃然起敬的弗拉姆斯蒂德先生将这颗星星列入了他 1690 年的星表，就放在金牛座中。** 不过，这次的匹配不如上次那么令人愉快，因为弗拉姆斯蒂德先生的那颗星星——现已消失无踪——和我们理解的天王星路径无论怎样都合不上套。有些

---

* 分析化学家克拉普罗特（Martin Heinrich Klaproth，1743—1817）在 1789 年分离出了铀元素，并将它命名为“铀”（Uranium）。［这里克拉普罗特模仿古代炼金术士的做法，用天王星（Uranus）为他分离出的新金属命名。——译者注］

** 弗拉姆斯蒂德（John Flamsteed，1646—1719）于 1675 年就任英国首任皇家天文学家。这一年，皇家天文台在格林尼治公园开始运作。

人不禁想对这条来自格林尼治的信息不予理会，将其中的分歧归咎于观测者的漫不经心或古旧望远镜的误差。但是我本人非常熟悉弗拉姆斯蒂德先生的星表，知道他是那个时代著名的天文观察家，是皇家天文学家的杰出代表（他在性格上可能比他的继任者们更像完美主义者），因此他似乎不太可能标错记号。你可以想象到我们面临的天文学困境：一方面，我们在进行计算时急需过去的数据来帮忙，因为遥远的天王星的运行速度慢得令人难以忍受，没有人愿意花上七八十年，去追踪它绕日一周的运动！另一方面，如果古代的观察与我们现下对轨道形状的最佳认识发生抵触，那么它们又能帮上什么忙呢？

我们的新行星在继续它的古怪旅程，而与此同时，威廉又造出了一些更大的望远镜。正是使用它们中的某一架，威廉在 1787 年 1 月的一个夜晚，又发现了天王星的两颗卫星，我们的温度计显示当时的气温是 13 ℉（大约相当于 -10.6℃）。他一直没有给这两个天体取合适的名字，两年后他又发现了土星的两颗卫星，也没取名。但是我侄子——他在子承父业专攻天文学之前，是一名文学学者（说不定你也熟悉约翰翻译的《伊利亚特》吧？）——给它们全部取好了名字。土星系统的命名规则完全得自古希腊罗马神话，但是约翰为天王星的卫星取名时用的是莎士比亚作品中的人物。米切尔小姐，你是一位博览群书的图书馆馆员，你当然看得出奥伯伦（Oberon）和提泰妮娅（Titania）是《仲夏夜之梦》中的仙王和仙后，但是我相信许多天文学家根本不知道这些名字源自何处。

随着时日的推移，人们继续观察威廉的行星在天空中蠕动，但是确定它轨道的难度却与日俱增，令人哀叹。我们积累的新观察越多，从天文台档案中提取的前人观察信息越多，就越难将它们整合到一起。事实证明，甚至不可能预测出天王星今后一两年将处在什么位置，而大多数天文学家都能分毫不差地估算出木星和土星的未来位置，直到天荒地老。因此，伟大的牛顿定律虽精妙绝伦，可是面对天王星桀骜不驯的运动特性，似乎也只能一筹莫展。

说来令人伤心，这些难题在威廉过世时仍然没有得到解决，此时距离他发现这颗行星已过去了 40 年。随后，我就离开英国，回到了汉诺威，跟我兄弟迪特里希（Dietrich）生活在一起。我们两个都没有意识到威廉的寿命刚好是天王星的运行周期——83.7 年。（米切尔小姐，难道这不算一个惊人的巧合吗？！）我们只知道，在对预测结果和观察结果进行拟合时，出现的误差触目惊心，而且增势不减。在威廉逝世前，最后传到他耳朵中的解释是，就在天王星被发现的前夕，一颗大彗星撞击了它，并改变了它的运行路径。假想的碰撞为新旧数据之间难以弥合的分歧提供了可能的解释，只是这种答案似乎想象力过于丰富了一点，令人难以信服——反倒更像是莎士比亚戏剧或古希腊悲剧在演出时，用舞台机械让众神从天而降，来收拾残局，正所谓“做戏无法，出个菩萨；解围无计，出个上帝”。

确实也有一些天文学家支持这种撞击学说，但在威廉去世后不久，基于彗星撞击的轨道预测也不能描绘出我们这颗行星的真实路径了。我想，数学家已经给逼上绝路了，只好坚持认为在天王星外面的深空中还潜伏着一颗未被发现的大行星，将它拖离了正常的轨道。要是威廉知道，早在从天上实际发现一颗新行星之前，人们可以单纯借助纸和笔，驾驭着人的智慧，用思想之眼看到这样一个世界的存在，他会为他们的辛劳感到何等的欢欣鼓舞啊！如果他得知，有两位现已誉满天下的年轻绅士，从来不曾将他们的眼睛挪近望远镜，甚至连要从镜筒的哪一头往外看都不知道，却各自独立地发现了同一颗新行星，他会作何评价呢？*

米切尔小姐，想想要通过计算凭空构造出一个未知天体的运行轨道，该是多么浩大的一项工程啊。他们首先要对多得让人茫然失措的各种可能性进行组合，然后再挨个进行测试，推断出这个假设的天体在假设的轨道上的运行，并据此完全解释通天王星运动的任意性。我听说勒维耶的演算稿纸就有上万页，对这一估计我丝毫都不表示怀疑。亚当斯先生的工作量应该也不会少。他们彼此都不知道世上还有另一个人也在苦攻难关，但是在经过了如此艰苦卓绝的繁重辛劳之后，他们都不得不乞求各自所在国家的权威天文学家们，请他们将望远镜对准有可能找到他们提议的这颗行星的那片天空。

当时的英国皇家天文学家对既无经验又无论著的亚当斯先生

* 1845 年，理论家勒维耶（Urbain Jean Joseph LeVerrier，1811—1877）和亚当斯（John Couch Adams，1819—1892）成功地完成了各自的计算，证明天王星运行的不规则性，可以用存在一颗体积庞大的外行星来解释。

不理不睬，这件事真让人感到悲哀，不过也不难理解。* 另一方面，勒维耶在巴黎科学界已经是出人头地的知名人物，还公开发表了他对这颗行星的位置所作的预测，但是他也没能得到法国国家天文台的合作。（在勒维耶呼吁采取行动时，有一小群独立的天文学家注意到了他的诉求。米切尔小姐，你是否恰好也是他们中的一员呢？我知道有好几位美国人，试图根据他的指示确定这颗行星的位置。）

不屈不挠的勒维耶最后成功地绕过了官方渠道。他给年轻的伽勒（Galle）博士——柏林天文台的一名副手写信求援。伽勒是刚毕业的研究生；他很幸运地在 1835 年观察到了哈雷彗星，接着又很明智地将学位论文寄给了勒维耶，从而和他结下了交情。**（米切尔小姐，我提起这些细节是想力劝你一定要尽早公布你的发现，不只是为你自己保住应得的荣誉，还因为我们科学的繁荣有赖于信息共享。）伽勒当然知道，如果未经许可就擅自将望远镜转向勒维耶预测出的部位，会让他丢掉饭碗。他肯定以适度的诚恳态度和讨好口气向恩克教授提出过请求。让所有人都感到庆幸的是，恩克那天要匆匆忙忙地赶回家去参加自己的生日庆典。如果不是要急于赶去准备晚会，他可能就拒绝了伽勒的请求。

现在再来描绘一下那晚后来的情景。伽勒和他的助手事先未

---

* 第七任皇家天文学家艾里爵士（Sir George Biddel Airy，1801—1892）在历史上留下了千古骂名，因为他在主持格林尼治皇家天文台时独断专行，而且据说就是因为他，英国才丧失了最先发现海王星的殊荣。

** 伽勒（Johann Gottfried Galle，1812—1910）后来继恩克之后担任了天文台台长。他很长寿，在 1910 年第二次目睹了哈雷彗星的回归。

来得及打招呼就气喘吁吁地赶到恩克家里，并告诉他，他们真的找到了勒维耶的行星！与此同时，在众人皆不知情的情况下，英国也有两位天文学家在进行一次秘密搜寻，想找到猜想中的新行星。这次搜寻好不容易终于获得了皇家天文学家的批准授权。这颗新行星正式登上世界舞台亮相的那个晚上，皇家天文学家这位大老爷又在哪里呢？艾里先生就在德国（！），距离伽勒带着惊天好消息在暗夜中狂奔的那条道路也许不过区区数里！嘿，整件事就像是一幕滑稽剧，只不过它也以人们可想象出的最精巧入微的证据，印证了牛顿定律的有效性。

叙述完亚当斯和勒维耶如何英勇地进行数学运算，以及他们在时间上有着怎样惊人的同步，再来讲伽勒如何通过望远镜观察到这颗行星，几乎要有虎头蛇尾之嫌了。但是，我很有把握地说，这件事成就了伽勒的事业，不管他在今后的人生道路上还会取得什么样的成绩，他永远都会作为最早看到海王星的人而名垂青史。有人称这颗行星为“海洋之神”（Oceanus）或“勒维耶”星，但是我们这里已经更愿意叫它“海王星”了。

我侄子原本也有机会赶在伽勒前面，使他们父子成为天王星和海王星这对行星的发现者；因为在1830年7月，约翰的探索工作将他带到了紧邻海王星当时所在位置的那片天域——如果你愿意这样形容的话，他可以说已经找到了海王星所在的街道和门牌号，就差走上前去敲那扇门了。但是，约翰天生好脾气，不仅不愿因为自己的疏忽而表示懊悔，反而去帮助法国和英国平息在过去一年中为争夺海王星发现权而爆发的严重国际争端。据我侄子说，亚当斯先生至少在勒维耶之前10个月就准确地确定了这颗行星的位置，但是他只将这个消息告诉了他在剑桥大学的主管和格林尼治的皇家天文学家。因为他谨慎地保持了沉默，亚当斯先生没被授予“海王星发现者”的桂冠。尽管他本人很有风度地甘居第二，但是他的同胞们却希望看到他被当成英雄。（他们中不少人都想将艾里先生送上绞刑架！）

但是，人们告诉我，这两位关键人物彼此间并没有产生怨恨和隔阂。亚当斯先生和勒维耶去年6月在牛津碰面后，马上就起了惺惺相惜之心；而在7月，他们又一起到我侄子家做客，并结下了更深厚的情谊。我猜想，是他们共同的嗜好，让两人紧紧地团结在一起。他们彼此吸引，就像他们的行星和我哥哥的行星通过天体力学定律相联系一样。在很长一段时期里，这两个人都不知道对方的存在，孤身奋战，就像天王星和海王星因为各自轨道条件允许，可以保持巨大的间距，并显得互不相干似的。但是，在我哥哥发现天王星后不久，他的这颗行星开始接近海王星的领地，于是这两颗行星一个在台前，一个在幕后，共同使出浑身解数来相互吸引。

回顾起来，很容易理解为什么天王星从1781年被发现前后开始，到1822年和看不见且慢得多的海王星交会为止，一直在以日益增长的速度加速运行。在天王星赶超海王星的那一年（死神夺走我哥哥的那一年）之后，逐渐减速的过程开始了，预测运行轨道的危机陡然加剧。正是这种危机促使亚当斯和勒维耶基于各自的原因，开始考虑天王星难题，并在后来证明那是因为海王星存在的缘故。

早些时候，我跟你说了威廉的寿命跟他发现的行星的运行周期相比，是一种怎样的离奇巧合；而慢速运行的海王星的周期，将超过亚当斯和勒维耶两人的寿命之和，也许还得加上伽勒的寿命。*

现在新发现的这颗海王星卫星又迫使我们这两大计算能手继续努力工作了。这个天体往前奔的速度可真够快的，好像是想自告奋勇地提供完美的手段，以改进必定还相当粗糙的海王星的质量估算值。** 亚当斯和勒维耶两人都不由自主地对猜想中的海王星的质量估计偏高，因为他们都高估了它到太阳的距离；但是考虑到万有引力定律中物体的质量和距离两两相抵，实际中更小更近的海王星所发挥的作用，跟他们在纸上计算时所采用的那个更大、更远的行星刚好相同，"结果好，就万事大吉"。新获得的领悟显示，海王星算得上是天王星的孪生兄弟，至少就质量而言确实如此。

米切尔小姐，你觉得我们还要过多久才能发现这两颗行星生活中的更多真相呢？我们何时才能说清它们体内蕴藏了哪些金属呢？它们呼吸的又是哪些气体呢？将来的天文发现无疑会需要倍数更高、功能更强的望远镜。即使能够出现天才人物仅凭借理论

---

* 海王星绕轨道一周要 164 年，比勒维耶的寿命（66 岁）和亚当斯的寿命（73 岁）之和大。但是，再加上伽勒的 98 岁，结果就要倒过来了。

** 在首次观察到海王星（1846 年 9 月 23 日）之后几周，利物浦的业余天文学家拉塞尔（William Lassell，1799—1880）就在 10 月 10 日发现了它最大的卫星——海卫一（Triton）。次年 7 月，其他天文学家证实了这项发现。

和计算的力量，靠直觉给出新行星的位置，我们不是仍然需要强大的工具，将推断出的世界从不可见的领域中挖掘出来吗？威廉的反射式望远镜中，最大的一个长达 40 英尺，其反射镜的直径为 4 英尺；但是这面巨大的镜子太容易脏了，威廉只好舍弃它，改用一台较小也更容易维护些的望远镜。几年前的圣诞节，我侄子让那台 40 英尺长的“巨无霸”正式退役了。他和夫人玛格丽特以及他们所有的孩子一起钻进了镜筒，高唱起他特意为这一场合谱写的歌谣。但是，我预计聪明的技师们在不久的将来，也许在你的有生之年里，就会取得突破，会更大胆地设计出更强大的新仪器，远远超越威廉英勇地创下的极限观测距离，从浩瀚的太空光海中采集信息。

期待我们可以共同见证的未来，再次献上我最衷心的祝贺！

你最忠实的朋友

卡罗琳・洛克西亚・赫歇尔

【天王星与海王星补遗】

赫歇尔兄妹总是坚持认为，发现天王星绝非幸运的巧合，而是长年累月奋斗的结果——他们制造出了一台性能卓越的仪器，并且不断地用它进行天文观测。

威廉爵士曾这样写道：“用倍数这么高的望远镜进行天文观测，其难度几乎赶得上用管风琴演奏亨德尔的赋格曲。”

两个世纪后，天文学家意外地看到了这颗行星的环系。人们又说这是碰巧。但是，为了碰上看到这些奇景的好运气，十位天文学家不得不挤在印度洋上空一个机载天文台的货舱内，去追踪预计中天王星在一颗恒星前的穿行过程，并专心致志地对它的精确尺寸进行估计。

在 1977 年 3 月 10 日那天，在预计中的天王星恒星蚀发生前半小时左右，这颗恒星出现了片刻的闪烁。它又闪了几次之后，光芒才被天王星完全遮蔽达 22 分钟之久。等这颗恒星从天王星背后重新露面时，它又开始闪了起来，以相反的模式重复明灭过程，好像是碰到了与另一面成镜像关系的障碍物一样。这次历史性的观察飞行还没结束，惊讶不已的天文学家们就兴奋地相互谈论起天王星存在环的可能性；只是出于谨慎和疑虑，他们推迟了几天才公布发现天王星环系的消息。

威廉爵士本人也曾经通报说，他看见他发现的这颗行星上有环，但后来他又收回了自己的声明，表示是看走了眼。就算使用他最好的望远镜，他也不可能看到天王星那超级黑超级薄的环系，因为这些由紧紧挤在一起的冰岩和尘埃组成的环所反射出的可见光太微弱了。只有在遮蔽恒星光芒的情况下，它们才会现形。在接下来的 10 年中，直到被近距离访问和拍摄之前，它们一直是 9 道不可见的阴影。

天王星的环系自然地围绕在这颗行星最宽的部位，即赤道上方。但是天王星在太古时代曾遭到一个极大天体的猛烈撞击，并被撞翻，使其赤道处于竖直状态。因此，这颗行星的环系跟土星不同，不是水平环绕的，而是笔直地竖立着，于是整颗带环的行星看上去就像是挂在天空中的靶子。“航海家 2 号”宇宙飞船在 1986 年 1 月低空飞越天王星时，就像是沿着稍微偏离靶心方向射出的一支箭。

这艘宇宙飞船在天王星周围又发现了两道黯淡的环和 10 颗小卫星。天文学家预计到会发现大量的小卫星，因为这样才可以解释天王星的环为何如此轮廓分明。可是等到这一大批新天体果真冒出来时，他们又不得不临时抱佛脚地温习起莎士比亚的著作。考狄利亚、朱丽叶、奥菲莉娅和苔丝狄蒙娜之类的莎剧角色就加入了提泰妮娅、奥伯伦和另外三颗已知的天王星卫星的行列。[1]1992 年以来，一些先进的地基望远镜和地球轨道望远镜搜出了更多的小卫星，它们被恰如其分地以莎士比亚剧本中的魔法师、怪兽和配角命了名。

大多数的卫星看起来像那些环一样晦暗，好像蒙着一层烟灰似的。也许很久以前将天王星撞翻的那次撞击，致使它内部的含碳化合物发生了化学变化，并腾起大量的黑色尘埃，将它所有的伙伴都染得遍体乌黑。

与那些黝黑的卫星和环系不同，天王星本身看起来像枚浅蓝泛绿的珍珠，散发着柔和的光芒。与它紧邻的孪生兄弟海王星则带着条纹和斑点，从品蓝到藏青、蔚蓝、青绿和碧绿，各种颜色

---

1 考狄利亚（Cordelia）是《李尔王》中李尔的女儿；朱丽叶（Juliet）是《罗密欧与朱丽叶》中的女主角；奥菲莉娅（Ophelia）是《哈姆雷特》中的贵族少女；苔丝狄蒙娜（Desdemona）是《奥赛罗》中奥赛罗的妻子。

一应俱全，呈现出一种更为繁复缤纷的美。两颗行星的大气外层都带着一层霜，那是冻结的甲烷晶体。这层霜吸收掉了来自太阳光的红色波长，却将蓝色和绿色光线反射回太空。

在氢氦气组成的蓝天之下，天王星和海王星都没有固态的表面。相反，它们的大气层的气体逐渐让位给其内部气体，由外而内，压力随着深度的增加而提高，于是内部气体受压后变得越来越稠密，最后变成了行星的冰岩核心。

天王星和海王星在太阳系中自成一族——“冰态巨行星”。两颗冰态巨行星的质量都大大地超过了地球（天王星的质量是地球的 15 倍，海王星是 17 倍）；但是反过来，它们和木星（其质量是地球的 318 倍）和土星（其质量是地球的 95 倍）之类的“气态巨行星”相比，又是小巫见大巫了。在行星吸积阶段，如果不是排在气态巨行星的后面，它们的个头本来也会长得更大的。

天王星和海王星大气深处独具特色的“冰”由水、氨和甲烷组成。行星科学家之所以将这些化合物称为冰，是因为它们在低温下凝固了。在天王星和海王星内部的“高压锅”里，这些“冰”无疑已变成一片由水、氨和甲烷调出的沸汤所形成的汪洋。按照行星科学的说法，这种热汤还是算作“冰”，但是就像莎剧《仲夏夜之梦》中所说的“灼热的冰，发烧的雪”一样稀奇古怪。

在天王星和海王星的行星幔中，沸腾的冰和少量熔融的岩石搅在一起，随着行星的转动激发出电流，在两个世界中产生了遍布全球的磁场。

天王星和海王星的自转速度相差不多（它们的周期分别是 17

小时和 16 小时），但是这两颗星球上的日子却大相径庭——天王星非同寻常的卧姿彻底改变了那里日子随着季节变化的模式。因为天王星侧身而卧，并且公转一圈就需要 84 个地球年，所以它在每一圈中有 20 年的时间南极朝着太阳，后来又会有 20 年北极朝太阳。在这些时间段里，行星的快速自转无法产生日夜更替的循环，因此"白昼"（和"黑夜"）会持续整整 20 年。但是，在太阳能照射到天王星赤道的那两个 20 年里，每个白昼会缩短到 8 小时左右，而紧随其后的黑夜也是同样的长度。

海王星轴心的倾角为 29°——和地球、火星以及土星的倾角大致相当——因此它在一年中的每个日子长度变化不大，但是那里每一年都极其漫长，相当于 163.7 个地球年，差不多是天王星年的两倍。

太阳的光和热很少能抵达 20 亿英里之外的天王星，能抵达再远 10 亿英里的海王星的就更少了。两颗行星的大气上层同样都保持着低温，但是这种相似性下面也暴露出了它们之间的一项重要差别：更遥远的海王星所产生的内热，要比天王星高出一大截。

海王星的热量为那里的天气变化提供了动力，因此天气模式相当活跃。受到疾风的吹送，海王星的蓝天下经常翻滚着黑色的风暴和白色的云朵。就大小和形状而言，这种风暴和木星的"大红斑"类似，但是它们在旋转的过程中似乎可以随意地改变形状。此外，它们还会从一个纬度漫游到另一个纬度，并且边运动边消散，而不是像"大红斑"一样一直局限在某个特定的区域里。

在“航海家 2 号”于 1989 年飞越海王星之前，这颗行星只有两颗已知的卫星。其中大一些的那颗，最先是由威廉·拉塞尔（William Lassell）在 1846 年观察到的，后来被命名为特里同（海神之子）。让它的发现者惊讶的是，这颗卫星绕着海王星逆行。海王星可能是捕获了这颗卫星——其大小相当于冥王星——并迫使它进入自己的轨道绕行。海王星的第二大卫星涅瑞伊得斯（海中仙女）则是由杰勒德·柯伊伯* 在 1949 年发现并命名的。[1]

“航海家 2 号”发现了 6 颗暗色的小卫星，在海王星那昏暗不明而又布满粉尘的冰质环系中或靠近它们的地方沿轨道绕行。这 6 颗卫星分别叫那伊阿德（Naiad，海卫三）、塔拉萨（Thalassa，海卫四）、德斯皮纳（Despina，海卫五）、伽拉忒亚（Galatea，海卫六）、拉里萨（Larissa，海卫七）和普洛透斯（Proteus，海卫八），它们都是以海中的神灵命名的。这些卫星致使环中的颗粒聚成杂乱的团块。从远处看，这些环带衬着繁星背景所形成的廓影，容易让人产生幻觉，以为它们是断断续续的环弧，因为它们会阻断海王星这一侧或那一侧的星光，但不会同时遮蔽两边的星光。只有通过仔细查看，才会发现这些曲线都通过实物构成的细桥连在一起，形成了完整的环。

尽管自 20 世纪 80 年代以来，一直没有宇宙飞船造访过这两

* 美籍荷裔天文学家杰勒德·彼得·柯伊伯（Gerard Peter Kuiper，1905—1973）被公认为现代行星科学之父。

1 特里同（Triton）在希腊神话中为海神的儿子，作为海王星最大的卫星，它又被称作海卫一。涅瑞伊得斯（Nereid）在希腊神话中为海中仙女，作为海王星第二大卫星，它又被称作海卫二。

颗冰态巨行星，但是近年在天王星和海王星周边的发现步伐却已加快，这多亏了在地球上和地球附近通过红外辐射手段所作的观测。威廉·赫歇尔爵士在1800年发现的电磁频谱刚好落在这个红外区域。

威廉爵士使用温度计和三棱镜做实验，测量了不同颜色的太阳光的温度。他注意到从紫光移向红光时，温度计的水银柱是如何升高的，而在红光之外他所谓的“不可见光”或“热射线”（calorific ray）区域，温度还会继续升高。但是，他一直没能将这个重要的发现应用于自己的天文研究中，因为地球大气中的水蒸气阻断了大多数来自行星和恒星的红外辐射。当威廉爵士在潮湿的夜气中奋勇拼搏时，这些水蒸气也成了他可怕的敌人，他不得不用洋葱擦拭皮肤，来驱散令人直打哆嗦的寒气。

但是，沿着轨道绕地球运行的望远镜则可以免受大气湿度的干扰。哈勃太空望远镜的红外照相机在距离地球表面375英里的高空，已经捕捉到了两颗冰态巨行星最近的变化。在夏威夷和智利的高地上也安放了经过特殊装备的大型地基望远镜，它们现在已经可以收集并放大穿透地球大气的少量红外辐射了。新近延时拍摄的详细照片显示：在平淡无奇的天王星南极，当夏季缓缓地接近尾声时，它上空会撑开一顶黑色的篷盖，而大片的明亮云团则会聚集到北半球。当这颗行星进入新季节，它会将薄薄的环转过来，侧立着朝向地球。（要不是已经在1977年发现了这些环，我们现在也还是没法发现它们。）在海王星上，目前集结在南半球的明亮新云团，正在使那里的天空颜色渐趋明快。

当初，海王星是作为动力学谜题的答案，被人们从太空之池中钓出来的。后来，它又用新的动力学谜题回敬我们，以报答我们的发现之恩。在 20 世纪初，有人认定单单是海王星不足以完全解释天王星轨道的变化（更别提海王星本身的轨道变化），并引发了一场“寻找行星 X”的运动。这场运动最终以发现冥王星而达到高潮。* 但是最近，人们经过重新计算，证明海王星的质量毕竟还是足够大了。“航海家 2 号”是唯一造访过木星、土星、天王星和海王星的宇宙飞船。这艘飞船给出了精确的测量数据，表明每一颗巨行星对它的小船体本身有多大的引力。这些结果迫使人们将海王星的质量估计值向上修正了半个百分点，亦即冥王星对天王星的轨道形状刚好没有什么影响。跟赫歇尔小姐所处时代一样，天王星的异常漫游轨道仍然可以完全归因于海王星的存在。

但是，就算天王星不再需要用处于太阳系外边界的天体来做出进一步的解释，海王星的卫星却需要，因为造成海卫一和海卫二的轨道模式如此怪异的元凶，就隐藏在外层空间深处。远离大行星的辖区，恰好在当前探测技术鞭长莫及的边界处，还有数不清的天体等待我们去发现。

---

* 冥王星是由美国天文学家汤博（Clyde William Tombau，1906—1997）发现的，这项发现在 1930 年 3 月 13 日公布于世。

延伸资料

本章前用楷体引用的题词摘自玛丽亚·米切尔[1]的一份讲稿。那些讲稿是在她去世后由她妹妹菲比·米切尔·肯德尔（Phebe Mitchell Kendall）出版的。

在这一章，我假借玛丽亚·米切尔的名义，以书信的形式将自己在1847年的发现告诉了当时世上仅存的另一位也发现过彗星的女子——卡罗琳·赫歇尔[2]。在创作赫歇尔小姐的回信时，我"编造"的只是其格式，里面的材料都是实事求是的。当赫歇尔小姐的哥哥[3]发现天王星时，她正在给他当助手。在海王星被发现时，她已是96岁高龄，但仍然手脚灵便、思路清晰，她还从探险家亚历山大·洪堡[4]那儿听说了有关新行星的事。赫歇尔小姐与天文史上那个伟大时代的多数头面人物都保持了书信联系，而且她还和他们中的许多人见过面，其中包括英国国王乔治三世、他的皇室成员和他的三任皇家天文学家，以及第一颗小行星的发现者

1 玛丽亚·米切尔（Maria Mitchell，1818—1889），美国天文学家和教育家，以其对太阳黑子及星云的研究和发现彗星1847 Ⅵ而闻名，她是第一位当选美国艺术与科学院院士以及科学促进协会会士的女性。

2 卡罗琳·赫歇尔（Caroline Herschel，1750—1848），德国籍英国女数学家和天文学家。发现了8颗彗星、一些星云和星团。其中，在1783年发现环绕在南极轴的玉夫座星系团NGC 253。

3 威廉·赫歇尔爵士（Sir William Herschel，1738—1822），德国籍英国天文学家。研制出前所未有的大功率反射望远镜。1781年3月13日发现了天王星。曾受聘为乔治三世的私人天文学顾问。

4 亚历山大·洪堡（Alexander Baron von Humboldt，1769—1858），全名Baron Friedrich Heinrich Alexander von Humboldt。德国探险家、自然科学家、自然地理学家、著述家、政治家；近代气候学、植物地理学、地球物理学的创始人之一。他在具体学科领域内没有很引人注目的成就，但是，他对揭示自然科学现象和社会科学现象在多方面的统一性做出了很大的贡献。在他去世后的第二年，当时的普鲁士科学院为纪念他而创建了洪堡基金会。

朱塞普·皮亚齐[1]、高斯[2]和恩克[3]。

1847年秋，米切尔彗星在赫歇尔小姐去世前三个月被发现了。那时，米切尔小姐是南塔克特岛（Nantucket Island）上的一名图书管理员，跟家人一起住在她父亲任行长的那家银行旁边的一所公寓里。她父亲威廉·米切尔是一位严肃的业余天文学家。他在银行的屋顶上建了一个观测台，并和米切尔小姐在那里消磨了许多时间。为了表彰米切尔小姐所作出的发现，丹麦国王授予她一枚金质奖章（1847年），史密森尼学会（Smithsonian Institution）向她颁发了100美元的奖金，“美国艺术与科学院”接纳她为荣誉院士。她后来还成了瓦萨学院[4]的第一位天文学教授，并带领学生外出观测了两次日全食。她在1857—1858年的欧洲之旅中，曾住在约翰·赫歇尔爵士[5]和玛格丽特·赫歇尔夫人的家中，他们从“卡罗琳姑妈”用来记录威廉爵士观测结果的笔记本

---

1 朱塞普·皮亚齐（Giuseppe Piazzi，1746—1826），神父，天文学家。他曾于1779年于罗马出任神学教授，一年后又在巴勒莫学院出任数学教授。1790年，于巴勒莫成立了一所官方天文台，并出任台长至1817年。后又在那不勒斯成立另一所官方天文台。出版过《大星目录册》（1803年，1814年）。1801年1月1日晚上发现了第一颗小行星——谷神星。

2 卡尔·弗雷德里希·高斯（Carl Friedrich Gauss，1777—1855），德国数学家、物理学家和天文学家，因其对代数、微积分、几何、概率论和数字理论的贡献而为人称道。1807年任格丁根大学数学教授和天文台台长。

3 约翰·弗朗兹·恩克（Johann Franz Encke，1791—1865），德国天文学家。1822—1825年任德国哥达城附近的塞贝格天文台台长，后被任命为柏林大学天文台台长。他测定了以他姓氏命名的彗星的自转周期（1819年），并准确求出了日地距离。

4 1860年初期，马太·瓦萨（Matthew Vassar）在纽约设立了一所与当时最好的男校并驾齐驱的女子学院，即瓦萨学院（Vassar College）。他还在校内建造了一座天文台，并聘请女天文学家玛丽亚·米切尔来主持工作。玛丽亚利用瓦萨天文台的一架12英寸的折射望远镜作出了一系列天文学发现。

5 约翰·赫歇尔爵士（Sir John Frederick William Herschel，1792—1871），威廉·赫歇尔爵士的儿子，英国天文学家。曾绘制了南半球星球图（1834—1838）。他首创了天体摄像术，对光敏化合物和光波理论进行了研究，并翻译了席勒的著作及荷马史诗《伊利亚特》，还担任过造币厂厂长。

中取出一页，作为礼物送给了她。

那些标出了天文学家们活动时间的传记性脚注，确实支持了米切尔小姐的观点："夜晚的空气"是长寿的良方。

每当威廉爵士擦拭望远镜的镜头时，卡罗琳·赫歇尔就会在她的备忘录中写道："为了让他存活下去，我经常不得不将食物弄成小块喂进他的嘴里。"她不介意做这样的事情："只要发现什么事缺人手，不管是用灯式测微仪[1]之类的仪器进行什么特别测量，还是护着不让火熄灭，甚至是在长夜观测期间冲杯咖啡，我都很乐意去做，虽然有人也许会觉得干这些琐碎的杂活很艰苦。"她的工作有时真的挺费劲："为了将镜头嵌入一个用马粪做的肥土模具里，要将非常多的马粪放进臼里使劲捣，然后再用一个细筛子去筛。那简直是一个没完没了的活，够我忙乎老半天的。"

最早被人们发现的5颗天王星卫星是：威廉爵士找到的天卫四（Oberon，奥伯龙）、天卫三（Titania，泰坦尼娅）、稍微黯淡一些的天卫一（Ariel，阿瑞尔）和天卫二（Umbriel，乌姆布莱尔）——这两颗是由威廉·拉塞尔[2]在1851年首先发现的，以及最靠近天王星同时也是最小和最亮的天卫五（Miranda，米兰

1 关于灯式测微仪（lamp micrometer），译者未查到具体是什么仪器。作者说她直接从卡罗琳·赫歇尔的备忘录中摘录了这段话，也不敢太确定，但估计是一种具有很细微刻度的测量仪器，而且上面带有照明灯以便在黑暗中清楚地读出刻度读数。

2 威廉·拉塞尔（William Lassell，1799—1880）英国天文学家。在利物浦附近的斯塔菲尔德建立了一座观测台，制作出观测用赤道式反射望远镜。除发现了天卫一（Ariel）和天卫二（Umbriel）两颗天王星的卫星之外，在柏林天文台发现海王星后的第17天，他还发现了海王星的最大卫星——海卫一。

达）——杰勒德·柯伊伯[1]在1948年发现了它，并用莎士比亚戏剧《暴风雨》中的女主人公为它命名。

约翰·赫歇尔爵士在为最早发现的4颗天王星的卫星命名时，肯定最先想到了英国文学中的仙人和仙女，比如乌姆布莱尔（Umbriel）以及后来命名的另一颗天王星的卫星——贝林达（Belinda）都是亚历山大·蒲柏[2]作品《夺发记》（*The Rape of the Lock*）中的人物。在柯伊伯发现米兰达后，天文学家为后来发现的卫星命名时选用的多是莎士比亚作品中的人名。1997年以来，用安放在美国加州的海尔望远镜陆续又发现了5颗卫星，纪念的是米兰达的父亲——普洛斯彼罗（Prospero），以及《暴风雨》中的其他角色：凯列班（Caliban，天卫十六）、斯丹法诺（Stephano，天卫二十）、西考拉克斯（Sycorax，天卫十七）、赛提柏思（Setebos，天卫十九）。

天王星和海王星这些行星内部的情景，使人想起莎士比亚戏剧《仲夏夜之梦》第五幕第一场中的台词“灼热的冰，发烧的雪”：

> 关于年轻的皮拉摩斯及其爱人提斯柏的冗长的短戏，
> 非常悲哀的趣剧。悲哀的趣剧！冗长的短戏！

1 杰勒德·柯伊伯（Gerard Kuiper，1905—1973）出生于荷兰，1937年入美国籍。他发现了天卫五和海卫二，还发现了火星大气中的二氧化碳和土卫六的大气中的甲烷。

2 亚历山大·蒲柏（Alexander Pope，1688—1744），英国作家，最著名的作品是讽刺性仿英雄体史诗《夺发记》（1712—1714）及《群愚史诗》（*The Dunciad*，1728年；续集，1742年）。他还成功翻译了《伊利亚特》（*Iliad*，1715—1720）。

那简直是说灼热的冰，发烧的雪。

这种矛盾怎么能调和起来呢？[1]

1977年，麻省理工学院的詹姆斯·埃利奥特（James Elliot）和他的同事们登上"柯伊伯号"机载天文台（Kuiper Airborne Observatory），并发现了天王星环。紧接着，"航海家1号"在1979年3月找到了证据，显示木星周围存在暗淡的环。它的姐妹飞船"航海家2号"在三个月后证实了这一发现。

为海王星的环拱命名时分别用到了亚当斯[2]、勒维耶[3]、伽勒[4]、拉塞尔和弗朗索瓦·阿拉果[5]（他是力劝勒维耶研究海王星的主要法国天文学家），但还没有用过艾里[6]这个名字。

1 参考朱生豪译文，《莎士比亚全集》，人民文学出版社，1994年11月。

2 约翰·库奇·亚当斯（John Couch Adams，1812—1892），英国天文学家。1845年亚当斯推算出海王星的存在和可能的位置。这一时间几乎与勒维耶同时。1846年9月23日伽勒真的在这个位置发现了一颗新的行星：海王星。

3 吉恩·约瑟夫·勒维耶（Urbain Jean Joseph LeVerrier，1811—1877），法国天文学家。1847年被选为英国皇家学会会员。从1854年起担任巴黎天文台台长，直到逝世。1846年，勒维耶用数学方法推算出当时尚未发现的海王星的位置。此外，勒维耶发表过太阳系各行星轨道变化情况的研究成果，重新计算出太阳系各大行星的轨道运动，并编成了星历表。他还发现水星轨道的近日点有异常的进动，预言水星轨道内还有一个最靠近太阳的未知行星。勒维耶的主要著作有《行星运动论》《太阳表》《水星表》。

4 约翰·格弗里恩·伽勒（Johann Gottfried Galle，1812—1910），德国天文学家。曾任柏林天文台台长。他首先切实地看见了海王星，并且证实了它是一颗新行星。伽勒还建议用小行星的视差来确定太阳系的尺度大小。

5 多米尼克·弗朗索瓦·吉恩·阿拉果（Dominique Francois Jean Arago，1786—1853），法国科学家、冒险家、政治家。1830年，阿拉果出任巴黎天文台台长，并继傅里叶之后担任科学院终身秘书。他热情支持当时的科学技术研究和发明，尤其关心青年人的创新精神。

6 乔治·比德尔·艾里爵士（Sir George Biddell Airy，1801—1892），英国天文学家和数学家。1835年被任命为第七任皇家天文学家，并担任这一职务达45年之久，直到退休。他用精良的仪器装备格林尼治天文台使之现代化。发现了关于地球和金星运动理论的错误。在亚当斯致力于发现海王星时，艾里扮演了反面角色，让英国丧失了发现这颗行星的机会。

第十一章　不明飞行物（冥王星）

我外公戴夫在十几岁时，就随着移民大潮独身一人抵达了异国他乡的纽约艾利斯岛。他私下里超负荷工作——缝扣眼、送汽水——拼命存钱，想尽快将远隔重洋的爹娘和弟弟们接到自己身边来。他隔着人头攒动的移民大厅大叫："妈妈！"——他妈妈被卫生官员扣留在那儿，因为她的眼睛感染了一种比她本人更外来、更讨厌的病菌。遣返似乎已在所难免，但是移民官为他母子俩团聚时迸发的深情所打动，就改变了主意，转而欢迎他母亲玛尔卡·格鲁伯来到美国。

每当我母亲讲起这段往事，就不禁泪眼婆娑，仿佛亲眼见到了他们母子紧紧拥抱的场面，亲身经受了眼看着亲人即将被拒绝入境的痛苦。即使在她年事已高之后，重温发生在她出生前好多年的那一幕，依然不免哽咽无语。我和她又隔了一代，但听了这个故事还是会泪眼汪汪。最近一项心理学研究表明，这种移情反应很容易让人产生虚假记忆；比如，目前有高达 300 万的美国人回忆说，他们和外星来客有过交往。

外星人可能会从其他行星——而不是我外公外婆和其他移民离开的那块“旧大陆”——向我们打招呼，这种想法从 1896 年开始盛行。那一年，波士顿望族洛厄尔家的后代珀西瓦尔·洛厄尔（Percival Lowell）提醒世人关心一下可怜的火星人：他们已经耗尽了所有的供水，只好从火星上纵横交错的运河中汲取所剩无多的水，省吃俭用，苦度光阴。

洛厄尔年轻时曾到欧洲、中东和远东地区游历，表现出了非凡的语言天赋和向同胞们解说外国生活方式的本领。在 1894 年迎接火星接近地球时，洛厄尔为了满足自己对天文学的痴迷，在亚利桑纳州旗杆市（Flagstaff）的火星丘建起了一座私人天文台——不受任何学术团体、军事机构或政府部门管辖的天文台。39 岁的洛厄尔先是在“火星丘”殚精竭虑，张罗着天文台建造、人才招聘和设备采办；从 1894 年 5 月到 1895 年 4 月又忙于观察火星；然后将他的思想和 900 幅图片整理结集成一本畅销书《火星》；1897 年，他在赶往墨西哥观看下一次火星冲日（opposition）之前，还向大批普通听众作了一次冗长的巡回演讲；结果积劳成疾，被诊断为“严重的神经耗竭”，并被迫停止工作 4 年。

等洛厄尔在 1901 年从波士顿重返旗杆市，他发现因为火星运河事件引起的风波，天文台工作人员的士气非常低落。洛厄尔耸人听闻的结论和仓促出版的书，让他成了专业天文学家们的笑柄。尽管他个人并不将这些批评放在心上，但是在哈佛上学时数学一向很好的洛厄尔，决定要算出第 9 颗行星的位置，借此恢复自己天文台的声誉。当时，相当大的偏差仍在搅扰着天王星的轨道，这意味着他有可能在美国本土再现亚当斯和勒维耶 19 世纪的成就——在海王星外发现一个新世界。

洛厄尔将他搜寻的对象称作"行星 X"。他热切地追求着这个目标，尽管直到 1916 年他去世时，仍未获得成功。在接下来的 10 年中，洛厄尔的遗孀对他的遗愿提出怀疑，并妨碍了天文台的正常运作。最后在 1929 年，行星搜索工作重新启动。他们在火星丘的圆顶室里架设了一台专用望远镜，并通过信函雇用了一名年轻的新手（一位只有高中学历的业余天文爱好者）来操作它。在离开堪萨斯的麦田前往亚利桑纳天文高地的年轻人中，克莱德·汤博（Clyde Tombaugh）可以算是最健壮、最勤勉、最正派（几乎无可挑剔）的一位了。他倾其所有买了一张前往旗杆市的单程火车票。在此之前，他曾心血来潮，将自己用自制望远镜进行观察后绘出的木星和火星图，寄给了洛厄尔天文台。他这些图给台长留下了非常深刻的印象，于是就给他写了封回信。在问过他的健康状况之后，台长向他提供了这份负担重而报酬低的工作——系统地对天空进行地毯式搜索。

伽勒在勒维耶工作的指引下，仅花了一个小时的工夫就追踪到了目标——海王星。克莱德·汤博可没这么轻松。他在火星丘一间敞开的圆顶室内，连续 10 个月在寒冷的夜里，小心翼翼地拍摄了一组又一组曝光时间长达数小时的夜空照片。在底片冲洗出来之后，他用显微镜对这些照片进行检查和两两比照，仔细察看那上面的几千个亮点，看看是否有哪颗星星在两张照片上的位置发生了变化。通过这个枯燥乏味的过程，他终于在 1930 年 2 月找出了洛厄尔的"行星 X"。这颗行星当时在双子座的群星间移动，其运动速度表明它位于海王星轨道外10亿英里处——就在洛厄尔预测的坐标附近。

比汤博年长的同事们谨慎地要求他对自己的发现进行确认、再确认。这样过了3个星期，这个消息才正式发布，而且遵照了所有正常的规程——向他们知道的所有天文台和天文部门寄去了详细的通报。全世界为之轰动。美联社拍发了这条新闻的快讯。当消息传到堪萨斯州波尼县（Pawnee County）的《耕者与劳作者》（*The Tiller and Toiler*）周报社时，报社编辑给汤博住在伯德特（Burdett）农场的父母穆朗（Muron）和阿德拉·汤博（Adella Tombaugh）挂了电话，问他们："知道你们的儿子发现了一颗行星吗？"

克莱德·汤博当时年仅24岁。他在创造历史之后，向天文台请了假，进入堪萨斯大学攻读天文学学位。

发现冥王星的消息传出后，电报雪片般地飞向旗杆市，接着是大袋大袋的信件，不久之后，旗杆市每天都要接待几百位慕名而来的到访者。记者们大声嚷嚷着要天文台提供照片，但是导致新行星发现的那些照片，无疑让多数人大失所望了。它们看起来像是两张墨渍图，彼此之间唯一的差别是，比字母"i"上面那个点还小的一个小亮点的位置发生了变化。

人们用当时最好的设备，想尽量看清冥王星，但是几乎没什么人能将那个黯淡的亮点解析成一个正常的行星圆盘，更不用说看清它表面的地形了。确实，冥王星太小了，距我们太远了，即便是现在，在哈勃太空望远镜所获得的最详细的图像上，它也不过是一个朦胧的灰色球体，跟伪造的不明飞行物（UFO）照片一样，缺少细节，难以令人满意。

心存疑虑的天文学家在 1930 年就对已找到洛厄尔的“行星 X”的观点提出了怀疑。按原先的估计，那颗行星的质量应该比地球大好几倍，这样才有足够的分量影响到天王星和海王星的运行轨道。但是，新发现的这颗行星似乎过于渺小，根本拖不动这两颗巨行星。

自 1930 年以来，随着测量技术的每一次新进展，冥王星都要缩小一圈。它的质量从原来估计的 10 倍于地球质量开始一路下降，先是地球的 1/10，再是 1/100，最后降为 2/1000 左右。同时，冥王星的直径也从与地球相当的 8000 英里降到充其量不过 1500 英里而已。结果，冥王星的个头比水星小，甚至比太阳系中的 7 颗大卫星（包括地球的卫星月亮）都要小。冥王星自己的卫星卡戎（Charon）发现于 1978 年，其直径为冥王星本身直径的一半——反观其他卫星，它们的直径大多只有其母星的 1/100。

有感于冥王星的尺寸在发现后的 50 年里急剧缩小，两位行星天文学家在 1980 年发表了一张异想天开的图表，描绘了冥王星随时间缩小的过程，并预言这颗行星在不久之后将会消失！

“航海家 2 号”在 1989 年飞越海王星之后，屡经萎缩、备受奚落的冥王星完全丧失了它存在的理由。在认识到海王星和天王星可以摆平彼此轨道的异常性之后，我们不再需要第 9 颗行星了。导致洛厄尔预测“行星 X”的计算，显然也和他“火星运河中有水”的观点一样站不住脚了[1]。而作为这个毫无意义的问题的答案，

1 原文“held no more water than his Martian canals”一语双关，因为“hold water”在英语中有“观点站不住脚”的意思，而洛厄尔提出的火星运河理论也被证明毫无根据：火星上并不存在运河，更谈不上运河中有水了。

冥王星却已深入民心。

1992年，一颗类似冥王星的小型新天体出现在太阳系边缘；接着在1993年，又发现了5颗；而在随后的几年里，竟然一下子发现了几百颗。这群星球为冥王星提供了一种新身份——如果不是太阳系最后一颗行星的话，就是遥远而拥挤的彼岸涌现的第一位居民。

冥王星似乎重现了第一颗小行星谷神星（Ceres）的历史。与冥王星一样，谷神星也是靠数学计算被搜寻到的。它在19世纪初，被当成火星与木星之间那颗"遗漏的行星"。但是，通过继续观察，天文学家证明谷神星分量太轻，与之类似的星体太多，无法与大行星相提并论，于是在1802年被重新归类为"小行星"（asteroid），后来又被改为"次级行星"（minor planet）。[1]

当谷神星、智神星（Pallas）及其同类星体被改称其他次等重要的名字时，并未引发社会大众的大声抗议。冥王星就不同了，人们已经对它的行星身份产生了感情。人们喜爱冥王星。孩子们认同它的小个头。成人则将它打擦边球式的不充分存在称为"名不副实"。所有习惯了九大行星格局或不愿意改变现状的人，都不愿单纯出于专业考虑而取消冥王星的行星地位。

甚至在有600余位会员的行星天文学家联谊会内部，对冥王星的地位意见分歧也很大。它到底是不是行星呢？不幸的是，"行星"一词早于科学界要求更精确的定义之前很多年，就被创造出

---

1 "asteroid"和"minor plane"一般都译作"小行星"，这里将后者译为"次级行星"以示区别。另外，根据国际天文学联合会（IAU）草案5：比水星小的行星都称为"矮行星"，谷神星就是矮行星。而且，在IAU定义的新系统之下，名词"minor planet"不再使用，因为按新定义，当前被称为"minor planet"的所有天体几乎都不是行星。

来了，无法支持最近的天文发现所牵涉的多层含义。*

将冥王星从行星行列中开除出去的运动，虽然被普遍认为是屈辱的降级，其实是在向版图已扩大、内涵也更丰富的太阳系致敬。冥王星及其同类充斥于一个甜甜圈状的“第三区”——它从冥王星开始向外延伸到至少是50倍地日距离的远处。因为这个区域中的所有天体跟第一区中的类地行星和第二区中的气态或冰态巨行星存在着本质的差别，因此人们给它们取了一个属于自己的新名字“冰矮行星”（ice dwarf）或“柯伊伯带天体”（Kuiper Belt Objects，KBO）。

杰勒德·柯伊伯在1950年最先构想出这些天体，它们也因此而得名。柯伊伯出生于荷兰，并在那里接受了教育，然后在1933年移民美国，并成为美国行星研究领域的巨擘。他的发现从土星最大的卫星——土卫六（Titan）的大气，到天王星和海王星的新卫星，范围广泛，不一而足。在展望未来时，柯伊伯预言说冥王星——太阳系孤零零的弃儿会有成千上万个旅伴。半个世纪后，随着柯伊伯预测到的大量星体开始在海王星外的太空深处涌现，天文学家们意识到柯伊伯的假想正在变成现实。

柯伊伯带的成员在稳步增加，其中较大的包括发现于2001年和2002年的夸欧尔（Quaoar）、伐楼拿（Varuna）和伊克西翁（Ixion）。它们的名字反映了现代人民族意识的觉醒，比如夸欧尔就是现居洛杉矶地区的印第安原住民汤加（Tonga）部落的创世之神。

* 跟“行星”一词类似，“生命”这个名词也让太空生物学家头疼。比如野火，表现出了类似生物的行为——会消耗氧气，会成长、移动、损耗，甚至可以通过自己的火花滋生出新的火苗，但它没有“生命”。

柯伊伯带中的主要天体——冥王星，运行在一个高倾角、高偏心率的椭圆轨道上。公转周期达 248 年的冥王星，时而高翔在太阳系平面之上，时而又俯冲到它下面，起起落落，往复交替。它最远时会漫游到两倍于海王星和太阳间距的地方，而最近时又会跑进海王星的轨道内部。* 冥王星的这种漫游路径不同于所有其他的行星，因此在发现之初就被当成怪胎。但是，按照柯伊伯带的标准，它的轨道又显得很普通。大约有 150 颗其他的柯伊伯带天体走的都是这种路径，而且它们都避免了和海王星发生碰撞，这多亏了它们彼此之间达成的共振协议：海王星绕太阳三圈所需的时间，刚好够冥王星及其同伴转两圈。当冥王星侵入海王星的轨道时，它总是处在轨道的高处，任由海王星在远下方、至少差 1/4 圈的地方运行。

冥王星绕着自己的轴每 6 天自转一次，将它模糊地貌上的昏暗斑点从人们的视野中转入转出。跟天王星一样，冥王星也因为先前遭到过撞击而横躺在轨道上。实际上，不少行星科学家相信，是同一个撞击者在同一次撞击中，撞翻了冥王星，并将卫星卡戎从它身上铲了出来。

冥王星和卡戎仅相隔 1.2 万英里，它们将彼此锁定在轨道上，绕着中间的某个点运行。它们边绕着这个点转动，边以同样的步调自转，因此它们总是将同一面朝向对方。这种独特的锁定方式使冥王星 · 卡戎成了已知的第一例真正的“双行星”（double

---

* 冥王星最近一次在 1979 年跑进海王星轨道，到 1999 年才跑出来。冥王星在 1989 年到达近日点时，与地球的距离比 1930 年刚发现时又拉近了大约 10 亿英里。

planet）或“双子行星”（binary planet）。

发现卡戎后不到十年，冥王星和卡戎在太空中运行到了恰当的位置，于是从地球上看起来，它们轮流被对方遮蔽，产生了交替式星掩。在冥王星的一个公转周期中，只能出现两次这种巧合，也就是说每124年发生一次。从1985年开始，天文学家就多次利用这两颗星星的相互星掩，对它们的质量、直径和密度进行了尽可能精确的估计。冥王星和卡戎的密度大约是水的两倍，比邻近它们的气态巨行星密度高，但是不及富含铁元素的类地行星（水星、金星和地球）的一半。

冥王星可能包含了2/3到3/4的岩石，其余部分则是冰。人们已经从遥远的地球发现，在冥王星由水冰构成的岩床上方，有一块块冻结的氮、甲烷和一氧化碳。冥王星每过两个世纪就有20年时间，进入海王星的轨道并且最靠近太阳，此时这颗行星表面的冰会部分地蒸发，变成一种臃肿而稀薄的大气。然后，随着冥王星远离太阳，温度又会回落到正常的酷寒（约为-200℃），大气沉降，在星球表面（尤其是两极附近）覆盖上一层新鲜而奇异的雪花。从这个角度来看，冥王星有点像彗星（也会在接近太阳时加热并吹出冰冷的气体），只是因为它离太阳太远，没法展示出什么壮丽的景象。

当阳光抵达冥王星时，因为距离遥远，亮度已经减弱了1000倍，因此在太阳照射下的冥王星白昼，就像月色下的冬夜一样昏暗。冥王星反光的外表上同时存在着明亮的霜雪区域和深色地带，后者可能是冰雪被太阳紫外线融化后露出表面的岩层或有机化合物沉积。在冥王星的表面上，可能还有呈现出粉红色、红色、橙色以及黑色等富碳颜色的聚合物在增生扩展。

尽管冥王星和卡戎在组成上类似，起源也相同，但是卫星卡戎因为质量较小、引力较低，不能将气体留在自己周围。从卡戎表面蒸发出去的分子，不会浮在上空并伺机以雪花形式落回去，而是简单地逸散到太空之中。因此，卡戎反射的光线远少于冥王星；如果将来有宇宙飞船造访并拍摄冥王星－卡戎这个“双行星”世界，我们通过照片看到的卡戎表面极有可能是一片呆板的灰色。

过去启动的所有冥王星探测计划都在资金筹措阶段胎死腹中——没有一艘宇宙飞船上过发射台，更不用说展开漫长的旅程了。在“冥王星特快”（Pluto Express）和“冥王星快速飞掠”（Pluto Fast Flyby）等计划相继被取消后，当年大失所望的冥王星迷们终于盼来了一艘准备飞往柯伊伯带进行侦察的飞船。美国航空航天局的简约版飞船“新视野号”配备了相关的仪器，准备对冥王星、卡戎和至少另一颗柯伊伯带天体进行近距离的地图绘制和摄像。它应该可以在2015年看到预定的目标[1]。到那时候，已知的柯伊伯带天体的数量可能已经大幅增加——预计会从目前已探明的800个激增到几十万个。

从柯伊伯带的天体数量中，已经可以隐约地看出太阳系早期历史上最具特色的“移民大潮”。似乎所有的柯伊伯带天体都

1 “新视野号”（New Horizons）探测器，又译“新地平线号”探测器，是NASA新疆界（New Frontiers）系列项目的第一次发射任务。2015年7月14日，“新视野号”成为第一个近距离探索过冥王星的航天器，飞过了这颗矮行星及其卫星。2019年初，“新视野号”飞越了它的第二个主要科学目标——小行星阿罗科斯（Arrokoth，编号2014 MU69），这是近距离探测过的最远的天体。目前，它仍是世界上最快的人造飞行器。

是在巨行星完成吸积过程之后，从比较靠近太阳的地方，被放逐到了目前的位置。木星和土星吞食了它们附近的一些小星子（planetesimal），并以强大的作用力将更多的星子加速逐出了太阳系。天王星和海王星也参与了这次星子驱逐运动，但是它们力气不够大，没法将这些天体扔出太阳系，于是就退而求其次地将它们赶到了柯伊伯带里。

木星因为在这场星子驱逐运动中失去了一些轨道能量，因此向太阳靠近了一些。相反，土星、天王星和海王星则获得了轨道能量，就慢慢地往外挪了一些。人们认为，在这个早期阶段，冥王星原本运行在一个正常的圆形轨道上，但是后来受海王星引力的影响被排挤出去。经过几千万年的作用，冥王星这个最后的流亡者为海王星所迫，不得不遵循一个具有更高倾角和更高离心率的椭圆轨道。

因此，冥王星和其他柯伊伯带居民在太阳系中经历了一些变故后，被重新塑造。科学家们原本希望柯伊伯带保存了从太阳形成以来一直没变动过的原始材料，但是现在只好将它看成一个混战区——那里众天体被抛进抛出，彼此摩擦不断。而太阳系真正的未受污染的谱系根源，得到更远的地方去追寻才行。

如今，柯伊伯带之外一些更遥远的小世界也相继进入了人类的视野。2003 年发现的小行星赛德娜（Sedna）以伊努伊特人（Inuit）的冰洋女神命名。目前，在太阳系的已知成员中，它是最寒冷、最遥远的一位。赛德娜的大小约为月球的一半。它遵循的轨道似乎可以抵达 900 倍日地距离的远方，得花上万年才能完成一次公转。

再往远处走，在昏暗的赛德娜和遥远而明亮的恒星之间，天文学家预计将遇到数万亿计的小天体，挤在一个环绕太阳系的球形区域里。在这些冻结的创世残片中，也许隐藏着“我们来自何处”这个问题的最深奥的答案。

这些偏远的古老碎片分布在一个极其广阔的区域里，因此太阳系外围看起来像水晶球一样透明。透过它的外边界所围成的泡泡——越过我们太阳系所在的银河星系——我们可以永远地望进散布在宇宙中、像玩具风车一样转动的其他星系，看到它们中间数十亿计的恒星，以及围绕在恒星四周的行星。

有时候，看着太空深处展示出让人目瞪口呆的景象，我会希望自己像只小动物一样拱进地球那温暖安全的窠巢。但是，同样多的时候，我又会感到宇宙牵扯着我的心，为我提供了一个更大的家园——其中包含着散布在宇宙各处的所有地球，任我依傍。

【冥王星补遗[1]】

2006年6月，我被任命为国际天文学联合会（International Astronomical Union，IAU）行星定义委员会的委员，该委员会中只有我不是科学家。2000多年以来，“行星”一词一直沿用着它的古老含义——“漫游者”，但是如今天文学家需要一个更科学的定义，以跟上发展形势，因为我们在自己所处的太阳系及银河的其他恒星系中有了新的发现。

1 原书中未包含这个补遗篇，应作者要求将它加入本书，以反映原书出版后的一些新发展。

正如我在本书“不明飞行物”这一章中所描述的那样，几乎从发现冥王星的那一天开始，这颗星球的诡异特性就引起了争论：应不应该将它算作行星？但是，到了2005年夏天，一颗被暂称为“齐娜”（Xena）的所谓“第十大行星”，将这个久悬未决的问题推向了非解决不可的紧要关头，因为它比冥王星还要远，又比冥王星小一半。在一年多的时间里，一个完全由行星科学家组成的委员会一直在努力给出一个行得通的“行星”定义，但没能达成共识。于是，IAU就责成我们这个委员会给“行星”一词下个确切的定义，并考虑冥王星应处于什么地位。

这个委员会总共有7名委员，刚好跟昔日的行星数目相同。2006年6月30日至7月1日，我们在古色古香的巴黎天文台召开会议，开会的房子曾当过法国国王的马厩。我们原本分歧巨大，但经过两天的时间，最终就“行星”的定义达成了完全一致的共识：行星是在轨道上绕恒星运行、质量大到可以通过引力使其保持圆形的天体。按照这样一个定义，不但冥王星仍算是行星，而且它的卫星卡戎也是行星，就连“行星资格选拔赛”的参赛者齐娜都成了行星。我们把人类发现的第一颗小行星谷神星也算在里面了，因为哈勃望远镜最近表明了它是圆形的。因此，经过我们重新定义后，太阳系共有12颗行星；随着未来的新发现，可能还会出现更多的行星。另外，我们建议了一个名叫“类冥行星”（Pluton）的特别子类，将冥王星、卡戎和齐娜归入其中；它们位于太阳系边缘地带，运行在倾斜而扁长的轨道上，要花200年以上的时间才能绕太阳一周。

在8月底于布拉格举行的IAU大会上，我们的定义引发了慷慨激昂的长时间辩论。这些争论推翻了“类冥行星”这个子类，并且为行星增加了第三条准则，即规定行星必须能主导自己的运行轨道。于是，大会通过了决案，将太阳系的行星数又恢复为8个。也就是说，正如众多新闻媒体大声疾呼的那样：“冥王星不再是行星了！”它将被改称为“矮行星”（dwarf planet）——这是一个公认的令人费解的术语，因为“矮行星”不是行星。

消息传出后不到24小时，互联网上就有人贩卖印着“冥王星是行星！”的抗议T恤，汽车的保险杠上贴着“如果你爱冥王星，请按喇叭！”之类的标签。行星天文学家很快就提出了更严重的抗议，他们认为布拉格大会的最后投票并没有充分地表达出自己的意愿。近300名科学家签署了一份请愿书在互联网上流传，坚决反对IAU的定义，拒绝遵守IAU的决议，甚至质疑IAU是否有权下这种定义。

也就是说，冥王星问题还是没有得到解决。

我最担心的是，争论的过程会掩盖其真实意图的实质：我们需要更精确的文字，来描述一个比我童年时珍爱的那个太阳系复杂得多的太阳系。

就在本周，“齐娜”获得了一个IAU认可的正式名字：厄里斯（Eris）——希腊神话中主司战事和纷争的女神，她在诸神和人类中间煽起嫉妒和猜忌之火，制造不和。至少，天文学家还没有失去他们的幽默感。

达娃·索贝尔作于2006年9月

延伸资料

不管是行星、彗星还是小行星，一个天体只要相对于背景恒星存在运动，就表明它是某种“漫游者”。以书面记录或一系列照相底片形式给出的日复一日的位移，都是地球运动造成的视差效应（Parallax effect）。汤博（Tombaugh）研究他自己所拍的照片时，用的是闪视比较仪（blink comparator）——这是一种可以自动地让不同时间对同一片天区拍摄的放大图像交替闪现，并加以比较的天文测量仪器。

洛厄尔天文台（Lowell Observatory）一直保守着发现了行星 X 的秘密，直到 1930 年 3 月 13 日才公布出来——那天刚好是已故的珀西瓦尔·洛厄尔的 75 岁生日，同时也是发现天王星 149 年的纪念日。婚前名叫康斯坦斯·萨维奇·基思（Constance Savage Keith）的洛厄尔夫人，选了“宙斯”（Zeus）这个名字来命名新发现的行星，然后改主意称之为“珀西瓦尔”，最后又想叫它“康斯坦斯”，但是天文台的工作人员偏向于时年 11 岁的英国牛津小孩维尼夏·伯尼（Venetia Burney）的建议，并通过电报与他们进行了沟通。“Pluto”（冥王星）不仅符合了从神话中选择行星名字的方案（甚至在收到这个电报之前，工作人员就已将它圈定为夺标呼声最高的三个名字之一），而且还包含了这项工作的奠基人珀西瓦尔·洛厄尔的英文缩写“P.L.”，达到了纪念他的目的。

如果将地球与太阳的平均距离算作一个天文单位（AU，相当于 1.5×10^{8} 公里），木星位于距太阳 5 个天文单位的地方，海王星位于30个天文单位的地方，而冥王星和柯伊伯带的100多个其他成员则位于30到50个天文单位之间。冥王星具有17°的轨道倾角，因而会在太阳系总平面以上8个天文单位和以下13个天文单位之间往复绕行。因为冥王星和海王星的轨道间存在固定共振，它们之间的距离总是保持在17个天文单位以上。

在位于华盛顿特区的美国海军天文台工作的克里斯蒂（James W. Christy）和哈林顿（Robert S. Harrington）在亚利桑那州的旗杆市距离火星丘（Mars Hill）很近的地方拍到了冥王星的照片，并从中推断出了卫星卡戎（Charon）的踪迹。克里斯蒂以他夫人的名字“Char”（Charlene的缩写）为这颗卫星命名，同时也是为了纪念希腊神话中的船夫卡戎——他将亡灵渡过冥河并运往冥王管辖的阴间。

夏威夷天文学院的戴维·朱维特[1]和荷兰莱顿大学的简·路（Jane Luu）在莫纳克亚（Mauna Kea）一起工作时，使用夏威夷大学的望远镜发现了第一个位于柯伊伯带内的天体，他们将它命名为“史迈利”（Smiley）——约翰·勒卡雷[2]小说里的一个间谍，不过它的正式名字还是叫1992 QB1。由加州理工学院的布朗（Michael E. Brown）、双子座天文台（Gemini Observatory）的乍得·特鲁希略（Chad Trujillo）以及耶鲁大学的戴维·拉比诺维茨

1 戴维·朱维特（David Jewitt，1958—），自1978年开始涉足太阳系研究，他的研究领域主要有：海王星外的太阳系、太阳系的形成以及彗星的研究，在从事自己的研究工作之外，朱维特教授还十分热心于天文学的普及教育工作并深受公众的欢迎。2005年当选美国国家科学院院士，同年被授予中国国家天文台名誉教授。

2 约翰·勒卡雷（John LeCarre，1931—2020）是David John Moore Cornwell的笔名。他曾担任间谍工作；28岁开始写作后，享有“间谍小说第一人”之誉。1967年，根据他的第一部小说《召唤亡灵》（*Call for the Dead*）改编的电影《死亡事件》首次推出他的“反英雄”主人公乔治·史迈利，这个角色后来出现在他的大部分作品里。著名作品有《柏林谍影》《锅匠、裁缝、士兵、间谍》《史迈利的人马》《荣誉学生》《巴拿马裁缝》等。

（David Rabinowitz）组成的团队在加州帕洛马山（Mount Palomar）发现了夸奥亚（Quaoar）、伐楼拿（Varuna）和伊克西翁（Ixion）；他们为这些柯伊伯带天体选择名字时，遵从了国际天文学联合会的规定，即从全球的阴间神灵里挑选名字。

杰勒德·柯伊伯在哈雷彗星和恩克彗星等短周期彗星运动的基础上，对如今被称为柯伊伯带的区域进行了预测。这些天体的计算轨道表明，它们源自柯伊伯带区域，而且每次从视野中消失后又会返回那儿。1950 年，也就是柯伊伯公布这种思想的同一年，荷兰天文学家詹·奥尔特[1]使用了一种类似的论证方法预测到另一个区域的存在，那是在 5 万个天文单位处的一个更远的彗星汇集所。柯伊伯带的外形类似一个具有圆环面的甜甜圈，而“奥尔特云”则像球壳。来自柯伊伯带的短周期彗星的运行轨道与黄道面的夹角很少会超过 20°。与此不同，来自奥尔特云的长周期彗星可以以任何倾角穿越黄道面，甚至可能与它垂直。

在洛厄尔年代，位于火星丘的天文台养了一头名叫维纳斯（Venus）的牛。在第九颗行星被发现时，沃尔特·迪士尼适时地给他在 1936 年制作的卡通狗起名为布鲁托（Pluto）。克莱德·汤博情有可原地给他的猫也取了这个名字。[2]

1 詹·亨德里克·奥尔特（Jan Hendrik Oort，1900—1992），荷兰天文学家。1945—1970 年任莱顿天文台台长。他证明了银河系是旋转的（1927 年），并计算出太阳和银河系中心之间的距离及其运行轨道的周期。1950 年提出环绕太阳系存在一种球面体早期彗星物质——彗星云，或称“奥尔特云”。他认为彗星是将自己与这种彗星云分离而进入太阳周围轨道的结果。

2 在英语中，维纳斯（Venus）、布鲁托（Pluto）分别还有“金星”和“冥王星”的意思。

第十二章　地球超人（尾声）[1]

2004年夏，在“卡西尼号”宇宙飞船完美无瑕地切入土星轨道之后的那天夜晚，安迪·英格索尔（Andy Ingersoll）在位于帕萨迪那[2]的家中举行了一场盛大的晚会。那晚的音乐舞蹈、醇酒美食以及同志般的情谊，确实是专为科学家和工程师安排的，因为他们多年的辛劳终于取得了可喜可贺的丰硕成果。不过，一些占有天时地利的外人也在被邀请之列。

我赶过去时，时间还很早。我发现我们的主人——在附近的喷气推进实验室工作的一位备受推崇的资深行星科学家——正在制造一个土星模型，准备挂在车道上，为200位左右的来宾指路。他已准备好了一个红色的旧绳球，上头的系绳还在；又在擦洗过的厨房餐桌上，将招贴用纸板剪成比例合适的土星环系，打算用胶带粘在红球周围。他的一位同事从后门走进来，随意地提了些

1 原书标题“Planeteers”得自影片《地球超人》（*Captain Planet And The Planeteers*）。此处指的是研究行星的人。

2 帕萨迪那（Pasadena）是美国南加州一座美丽的小城，在当地印第安语中是“山谷的王冠”的意思。那里坐落着著名的加州理工学院和喷气推进实验室。

技术性的建议，好像现在这个游戏之作也是什么新的研究难题似的。几分钟后，他们将土星用绳拴起来，挂上了树枝。

又高又瘦的英格索尔很擅长建立行星大气的模型。他利用望远镜和宇宙飞船收集到的数据——温度、气体浓度、液压、风速和云型——进行复杂的天气分析。他在期刊上发表论文时，选用了《逃亡的温室：金星上水的历史》《木星云带动力学》《火星大气压力的季节性缓冲》之类的题目。他的聪明才智也许和历史上最著名的天文学家们不相上下，但卡西尼或惠更斯的影响可以至今不衰，而他却不太可能像他们那样主宰未来，因为科学本身发生了本质性的变化——过去可以单靠某个天才人物，现在却必须靠团队的协作。

大约半小时后，早到的宾客在英格索尔家后院热火朝天地进行的排球赛结束了；于是招待员过来摆出了长长的自助餐台，并在树下摆好了桌椅。跟我同桌的那群人，一半说意大利语，另一半操英式英语。这场晚会逐渐朝多国化方向发展，因为“卡西尼号”宇宙飞船在各个方面都带有全球色彩。这是一项美国国家航空航天局（NASA）、欧洲太空总署（ESA）和意大利宇航局（Agenzia Spaziale Italiana, ASI）的联合计划，17 个国家约 5000 人共同贡献了聪明才智；其中包括一组缝纫师，他们为宇宙飞船定制了一件金线保暖外套，保护它的仪器免受土星周遭环境中尘埃大小的微陨石和酷寒天气的影响。

每一批晚到的客人都带来了实验室的最新简报。他们中有些人已经好几天没合眼了，一直在密切注视着“卡西尼号”宇宙飞船，但是他们都很乐意干这件让他们精疲力竭的事。“卡西尼号”

的消息，不断传送到深空网（Deep Space Network）在西班牙、澳大利亚和美国加州的接收机上，表明一切顺利，确实非常完美。这艘宇宙飞船发回的第一张土星环的近距离特写照片显示的细节极其细腻，以至于一位天文学家指责另一位能接触到前端数据流的天文学家，认为他恶作剧地对数据动了手脚。

前一天晚上"卡西尼号"通过土星环时，多数在座的男女嘉宾肾上腺激素都急速升高了，如今分泌的这些激素却酿成了令人陶醉的欢欣感，成了名副其实的"纵情狂欢"。[1]这群宴饮者除了庆祝当前的成功，也预祝它顺利完成下一阶段的重要任务——6个月之后，要将搭载的机器人乘客"惠更斯号"探测器送上土星最大的卫星泰坦。这颗大卫星的个头比水星和冥王星都大，并且包着稠密的橙色大气，里面含有和我们的空气一样丰富的氮气。长久以来，泰坦就让天文学家着迷，因为它有望让我们洞察生物出现以前的早期地球是什么模样。还没有人知道，泰坦那烟雾弥漫之下的表面都有些什么，但是许多科学家都愿意打赌说，那里是充满了酷寒的液态甲烷和其他碳氢化合物的大湖。

负责"惠更斯计划"的科学家勒布雷顿（Jean-Pierre Lebreton）在晚会前一天的新闻发布会上说："我梦想它会降落在一片海洋中。登上现在的泰坦就像回到40亿年前的地球一样。"

1655年，克里斯蒂安·惠更斯在海牙第一次看到了泰坦。从那时候起，他就一直简单地称之为"土星的卫星"。1672年至

1 在英语中土星是以古罗马农神萨图恩（Saturn）命名的，而"纵情狂欢"（Saturnalia）一词正是源于农神狂欢节，这儿恰好可用于描述飞抵土星的"卡西尼号"的庆功晚会，一语双关。

1684 年，吉恩 – 多米尼克・卡西尼又发现了土星的 4 颗卫星，并且很满意地用数字来称呼它们。威廉・赫歇尔爵士在 1789 年看到了另外两颗土星的卫星，也是用数字给它们编了号。但是威廉爵士的儿子约翰・赫歇尔爵士却改从希腊神话中为它们选择名字。头一个叫“泰坦”——神话中古老的巨人族，他们中最年轻的那位叫“萨图恩”（Saturn），土星即因之而得名。*

2004 年 12 月，“卡西尼号”宇宙飞船按计划释放了“惠更斯号”探测器——从卡纳维尔角出发以来，这个探测器已在“卡西尼号”上搭乘了 7 年——并将它轻轻地推向泰坦。在接下来的三个星期里，仍处在休眠状态的“惠更斯号”探测器顺从地滑向了自己的目的地，而“卡西尼号”则要执行另一次在土星轨道上绕行的任务，然后再及时地返回来，迎接这项计划好的激动人心的工作。

2005 年 1 月 14 日，“惠更斯号”探测器内置的闹铃唤醒了它的系统，准备在卫星“泰坦”上开展活动。探测器向前伸出防热护盾，冲入泰坦的大气层，利用稠密大气的摩擦将速度降下来，并打开降落伞，完成了一次完美的着陆。它在历时两个半小时的降落过程中，不断地采集云朵和薄雾的样本；当它距离这颗卫星酷寒的表面足够近之后（根据随车携带的雷达测量，此时为 30 英里左右），便开始对这颗卫星进行拍摄，然后将它的发现转发给“卡西尼号”，再由“卡西尼号”传回地球。

---

* 后来的天文学家依此而行，一直命名到 1990 年发现的潘恩（pan，土卫十八）。接下来发现的 12 颗卫星，包括蒙迪尔法瑞（Mundilfari，土卫二十五）和伊米尔（Ymir，土卫十九），则取材于更广泛的文化背景。而“卡西尼号”探测到的几颗新卫星，依旧采用了最原始的命名方法，比如其中一颗叫“S/2005 S1”。

“惠更斯号”探测器在泰坦上，既看到了云朵改变形状之类的熟悉景象，也看到了诸如异邦奇特风光之类的陌生景象——那个世界太不同寻常了，令人无法理解。

“惠更斯号”探测器平安地着了陆，并持续广播了好几个小时显示它健康状况良好的证据；单凭这一点就推翻了人们曾普遍抱持的一种期望：它会淹没在一片液态甲烷的海洋中。但是，不应将“惠更斯号”探测器安息的那片辽阔的黑暗大地——现在已被称为“仙那度”（Xanadu）——当作预测失败的滑铁卢，而应将它看作一次新的契机，让我们能够以一种全新的方式去想象我们太阳系（以及其他太阳系）的内涵。2006 年 7 月，“卡西尼号”宇宙飞船在“泰坦”的北极附近，找到了好几个寻求已久的碳氢化合物湖泊。

我真希望自己能告诉你们随后发生的一切：“惠更斯号”探测器传回的数据最终是如何解读出来的；“卡西尼号”在繁忙的探险历程中，逐个地掠过土星的卫星——麦玛斯（Mimas，土卫一）、恩西拉达斯（Enceladus，土卫二）、特提斯（Tethys，土卫三）、迪奥尼（Dione，土卫四）、瑞雅（Rhea，土卫五）和伊亚佩特斯（Iapetus，土卫八），在此期间它又有怎样的际遇……[1] 但是，

1 2006 年 7 月到 2007 年 7 月，“卡西尼号”系统地监视和拍摄土星、土星光环、土星磁层的图像。2007 年 7 月至 9 月，它再次拍摄土星及其家族的影像，并在 9 月 10 日到距离土卫八约 1000 千米处对土卫八进行观测。2007 年 10 月到 2008 年 7 月，“卡西尼号”进一步增大轨道与土星赤道平面的夹角，最后达到 75.6°，以便更好地观测土星的光环，测量远离土星赤道平面处的磁场和粒子、监视土星的两极地区和观测土星极光现象。其间，在 2007 年 12 月 3 日和 2008 年 3 月 12 日，它两次接近土卫十一，分别在离开土卫十一 6190 千米和 995 千米处对这颗卫星进行观测。2015 年 8 月 17 日，该探测器第五次掠过土卫四表面，距离这颗卫星 474 千米。该探测器于 2017 年 4 月 26 日正式进入任务“大结局”，首次在土星和土星环之间穿越，近距离观测土星。北京时间 2017 年 9 月 15 日，“卡西尼号”土星探测器燃料将尽，科学家控制其向土星坠毁；北京时间 19:55，“卡西尼号”与地球失去联系，进入土星大气层燃烧成为土星的一部分。

在如此活跃的一个研究领域里，又有哪本书能将正在发生的事件一一涵盖呢？如果有人通过阅读本书，能将行星当作朋友，能认识到许多个世纪以来，它们一直是大众文化的忠实拥护者，同时又是人类许多高尚追求的灵感激发者，那么我就达到最初预定的目标了。

我坦白承认：虽然我有幸在此与诸位分享了这么多震撼人心的信息，但行星仍一如既往地深深吸引着我——它们就像一把什锦魔豆、一捧稀世宝珠，陈列在我的珍奇八宝柜里，不断旋转着美丽的身姿，一路陪伴着我，不时勾起我儿时的回忆。

致 谢

感谢为我付出了大量时间和热情的所有科学家和技术顾问：戴安娜·阿克曼（Diane Ackerman）、卡雷·阿克斯尼斯（Kaare Aksnes）、克劳迪娅·亚历山大（Claudia Alexander）、玛拉·阿尔珀（Mara Alper）、威尔·安德鲁斯（Will Andrewes）、威廉·阿什沃思（William Ashworth）、维多利亚·巴恩斯利（Victoria Barnsley）、吉姆·贝尔（Jim Bell）、鲍勃·伯曼（Bob Berman）、里克·宾采尔（Rick Binzel）、布鲁斯·布拉德利（Bruce Bradley）、威廉·布鲁尔（William Brewer）、约瑟夫·伯恩斯（Joseph Burns）、唐纳德·坎贝尔（Donald Campbell）、约翰·卡萨尼（John Casani）、克拉克·查普曼（Clark Chapman）、K. C. 科尔（K. C. Cole）、盖伊·康索尔马诺（Guy Consolmagno）、莱内特·库克（Lynette Cook）、凯瑟琳·考特（Kathryn Court）、戴夫·克里普斯（Dave Crisp）、杰夫·卡兹（Jeff Cuzzi）、戴维·道格拉斯（David Douglas）、弗兰克·德雷克（Frank Drake）、吉姆·埃利奥特（Jim Elliot）、拉里·埃斯波西托（Larry Esposito）、托尼·凡托齐（Tony Fantozzi）、蒂莫西·费里斯（Timothy Ferris）、杰弗里·弗兰克（Jeffrey Frank）、卢·弗里德曼（Lou Friedman）、玛丽莎·格萧维茨（Maressa Gershowitz）、乔治·吉布森（George Gibson）、欧文·金格里奇（Owen Gingerich）、汤

米·戈尔德（Tommy Gold，卒于2004年）、丹·戈尔丁（Dan Goldin）、彼得·戈德赖希（Peter Goldreich）、唐纳德·戈德史密斯（Donald Goldsmith）、戴维·格林斯普恩（David Grinspoon）、海蒂·哈梅尔（Heidi Hammel）、佛瑞德·赫斯（Fred Hess）、苏珊·霍布森（Susan Hobson）、卢德格尔·宜卡（Ludger Ikas）、托伦斯·约翰逊（Torrence Johnson）、艾萨克·克莱因和佐伊·克莱因（Isaac and Zoe Klein）、克虏伯（E. C. Krupp）、纳撒尼尔·库尔茨和奥林·库尔茨（Nathania and Orin Kurtz）、芭芭拉·雷布考奇（Barbara Lebkeucher）、桑杰·利马耶（Sanjay Limaye）、杰克·利斯奥尔（Jack Lissauer）、罗莎莉·洛佩斯（Rosaly Lopes）、洛德（M. G. Lord）、斯蒂芬·梅瑞恩（Stephen Maran）、梅利莎·麦格拉思（Melissa McGrath）、埃利斯·迈纳（Ellis Miner）、菲利普·莫里森（Philip Morrison，卒于2005年）、迈克尔·穆马（Michael Mumma）、布鲁斯·默里（Bruce Murray）、基思·诺尔（Keith Noll）、道格·欧芬哈兹（Doug Offenhartz）、唐纳德·奥尔森（Donald Olson）、杰伊·巴萨乔夫（Jay Pasachoff）、尼古拉斯·皮尔森（Nicholas Pearson）、伊莱恩·彼得斯（Elaine Peterson）、戴维·皮耶里（David Pieri）、卡罗琳·帕科（Carolyn Porco）、克里斯托弗·波特（Christopher Potter）、拜伦·普赖斯（Byron Preiss）、皮拉尔·奎恩（Pilar Queen）、凯特·鲁宾（Kate Rubin）、维拉·鲁宾（Vera Rubin）、卡尔·萨根（Carl Sagan，卒于1996年）、莉迪亚·萨伦特（Lydia Salant）、卡罗琳·谢尔（Carolyn Scherr）、史蒂文·索特（Steven Soter）、史蒂夫·斯库里

斯（Steve Squyres）、罗布·史代赫尔（Rob Staehle）、艾伦·斯特恩（Alan Stern）、迪克·泰雷西（Dick Teresi）、里奇·特里尔（Rich Terrile）、彼得·托马斯（Peter Thomas）、约翰·特劳格（John Trauger）、斯科特·特里梅因（Scott Tremaine）、阿方索·特里（Alfonso Triggiani）、尼尔·德格拉斯·泰森（Neil DeGrasse Tyson）、约瑟夫·韦韦尔卡（Joseph Veverka）、亚历克西斯·沃森（Alexis Washam）、斯泰西·温斯坦（Stacy Weinstein）、乔伊·吴尔克（Joy Wulke）、保罗·赞尼诺里（Paolo Zaninoni）以及温迪·钟佩瑞利（Wendy Zomparelli）。

有两个人一直在支持着我的写作计划，并引导我将本书写成了现在这个样子：我绝妙的经纪人——墨水池管理公司（InkWell Management）的迈克尔·卡莱尔（Michael Carlisle），他想知道太阳系与银河之间的差别，以及银河与宇宙之间的差别；企鹅出版集团前总编和副社长简·冯·梅仁（Jane von Mehren），她善解人意地给我的手稿提了几十个机敏的问题以及数百个大有助益的建议，表现出了极大的耐心和智慧。迈克尔和简在刚开始时都不觉得自己是痴迷行星的“地球超人”，但如今他们都比以前更频繁地仰望星空了。

词汇表

远地点（Apogee） 月球或人造卫星围绕我们地球运行时，在轨道上所能达到距离地球最远的那个点。

目视星等（视星等，Apparent Magnitude） 在地球上的有利位置上看到的天体亮度，用数字表示；一个天体的视星等数值越小，看起来就越亮。（太阳的视星等为 –27，在地球上看起来它是最亮的天体；不过，如果按本身亮度或绝对星等来算，太阳比更大的恒星要暗一些。）

火面图绘制师（Areographer） 绘制火星表面图的人。

小行星（Asteroid） 一种较小的行星，通常体积较小且由岩石构成；大约有 10 万颗小行星在火星和木星之间的巨大空间中绕太阳运行。

涡卷形图例框（Cartouche） 制图学上一种用作装饰的徽框，里面写着地图标题等文字或比例尺，经常还会标出表示不同地区的符号。

彗发（Coma） 包在彗核周围的云雾状辉光。

彗星（Comet） 在一个扁长的椭圆轨道上绕太阳运行的冰封小天体，它在靠近太阳的地方会因为散发出气体和尘埃而改变外形。

晕圈（Coronae，单数为 Corona） 环绕圆丘或凹陷处等地理特征的一组同心环，为金星所独有，出现在它表面覆盖物最薄的地方。

偏心率（Eccentricity） 天体运行轨道偏离圆形的程度。（冥王星的轨道偏心率最大，形成一个极为扁长的椭圆，而金星和海王星的轨道看上去几乎是圆形的。）

蚀（Eclipse） 一个天体部分或全部消失在另一个天体背后或其阴影中的现象。（日食是月亮挡在地球与太阳之间造成的；月食则是地球的阴影投射在月球上造成的。）

黄道（Ecliptic） 太阳、月亮和行星对地球观察者的视路径，其英文名称得自此处观察到的日食、月食或行星蚀；也指黄道面和地球公转轨道平面。

电磁辐射（Electromagnetic Radiation） 从高能伽马射线和X射线到紫外线辐射、可见光和红外线，再到微波和无线电波等各种形式的电磁波。

距角（Elongation） 观察地球轨道内部行星（水星和金星）的最佳时机，此时它们位于太阳东面或西面最大视距离处。水星的最大可能距角为 28°，而金星则是 47°。

星历表（Ephemeris） 公开发行的一种预测天体（尤其是行星和彗星）位置的表格。

逃逸速度（Escape velocity） 火箭（或其他物体）挣脱行星表面重力的吸引并射入太空所需要达到的最低速度。

嗜极生物（Extremophile） 生活在有毒或其他仅适合于一些非常具有适应性的生命形态存活的极端环境中的生物。

星系（Galaxy） 因为重力吸引而聚集在一起的数亿颗星星所组成的集合，比如太阳系所在的银河就是一个星系。

火成岩（岩浆岩，Igneous） 由岩浆或熔岩形成的岩石。

柯伊伯带（Kuiper Belt） 海王星轨道外一个包含了几十万颗冰封小行星的甜甜圈状区域，以荷兰裔美籍天文学家杰勒德·柯伊伯命名。它们中有些会因为重力或碰撞作用而偏离原有位置，并进入可以更接近太阳的轨道，成为定期回归的彗星。

磁场（Magnetic Field） 一个磁体周围对带电粒子或其他磁体产生磁力作用的区域。许多行星，比如木星和地球，都是一个巨大的磁体，会产生各自的磁场。

磁层（Magnetosphere） 行星磁场形成的一个不可见的球体，确定了该磁场的影响范围。

星等（Magnitude） 以数字形式表示的天体亮度；视星等（星体在地球上看到的相对亮度）可能和它的绝对星等或本身亮度相差很大。

地幔（Mantle） 行星中间部分的物质，对于类地行星，它指的是位于外壳与核心之间的物质，而对于气态行星，则是指高层大气与固态中心之间的物质。

流星（Meteor） 坠落的星星，即落入地球大气并因为摩擦发热而产生亮光的太空岩石或彗星残块。

陨石（Meteorite） 流星体落到地面的部分。

流星体（Meteoroid） 在太空中漂流的太空岩石或行星残块。

甲烷（Methane） 也称沼气，是最简单的碳氢化合物。

月亮（Moon） 地球的自然卫星，在英语中也推而广之指绕着行星或小行星运行的天体。

星云（Nebula） 一个云雾状的天体，比如恒星诞生于其中的圆盘。

奥尔特云（Oort Cloud） 超出柯伊伯带的外太阳系球形区域，以荷兰天文学家詹·奥尔特（Jan Oort，1900—1992）命名。来自奥尔特云的彗星运行在一个周期极长的轨道上，甚至可能会绕太阳一次后就离开太阳系。

近地点（Perigee） 月球（或人造卫星）围绕地球运行时，在轨道上所能达到最靠近地球的那个点。在近地点，卫星运行速度最大。

近日点（Perihelion） 行星或彗星（或绕日运行的宇宙飞船）最靠近太阳的那个点，因此这也是它运行速度最大的地方。

行星（Planet） 一种天体，通常（但并不一定）要求其直径大于 1000 英里，并绕一颗恒星运行。

星子（Planetesimal） 一团比行星小的物质，它可以和其他类似的碎片合在一起形成一颗行星或卫星。

风化层（土被，Regolith） 覆盖在类地行星或卫星外表的尘土样岩石碎片，与土壤类似，但是缺乏活性成分。

洛希区（Roche zone） 星子因为引潮力而无法形成卫星的靠近行星的区域；以法国数学家埃多瓦·洛希（Edouard Roche）命名，因为他最早描述了这个区域。

卫星（Satellite） 月亮是一颗自然卫星，而人造卫星指的是绕行星运行的宇宙飞船。

至日（Solstice） 每年太阳到达赤道之上或之下最远距离的那两天（分别在 6 月和 12 月），对应着最长或最短的日子。

恒星（Star） 以氢和氦为主要成分的一种气态球，其体积大到足以在核心部位引发热核聚变；它会因本身放射光芒而闪亮。

朔望（Syzygy） 几个天体排成一条直线的现象，比如在日食或月食期间太阳、月亮和地球会在一条直线上，而在金星凌日期间太阳、金星和地球则成一条直线。

镶嵌地块（Tessera，复数形式为 Tesserae） 金星表面上极度变形和满是断层痕迹的地区，这是除火山平原外最常见的一种地貌。其英文名称来源于俄语中表示“镶嵌”的词汇。

凌日（Transit） 一个天体从另一个天体前面经过的现象，比如可以看到水星或金星从日轮中间穿过。也可以观察到木星和土星的卫星“凌”行星的现象。

黄道带（十二宫图，Zodiac） 在地球一年的运行过程中，太阳看上去要经过的 12 个星座所形成的圆周。这些星座分别对应占星术黄道十二宫：白羊宫、金牛宫、双子宫、巨蟹宫、狮子宫、处女宫、天秤宫、天蝎宫、射手宫、摩羯宫、水瓶宫和双鱼宫。

参考文献

1.Abrams, M.H., with E.Talbot Donaldson, Hallett Smith, Robert M.Adams, Samuel Holt Monk, George H.Ford, and David Daiches, eds. *The Norton Anthology of English Literature. 2 volumes*, New York: Norton, 1962.

2.Ackerman, Diane. *The Planets: A Cosmic Pastoral*. New York: William Morrow, 1976.

3.Albers, Henry, ed. *Maria Mitchell: A Life in Journals and Letters*. Clinton Comers, N.Y.: College Avenue Press, 2001.

4.Andrewes,William J. H.,ed. *The Quest for Longitude*. Cambridge, Mass.:Collection of historical Scientific Instruments (Harvard University Press), 1996.

5.Asimov, Isaac. *Asimov's Biographical Encyclopedia of Science and Technology*. New York: Doubleday, 1972.

6.Aveni, Anthony. *Conversing with the Planets*. New York: Times Books, 1992.

7.Barnett, Lincoln. *The Universe and Dr. Einstein*. 2nd revised edition. New York: William Morrow, 1957.

8.Beatty, J. Kelly, with Carolyn Collins Petersen and Andrew Chaikin, eds. *The New Solar System*. Fourth edition. Cambridge, Mass.: Sky Publishing, and Cambridge, England: Cambridge University Press, 1999.

9.Bedini, Silvio A., Wernher von Braun, and Fred L. Whipple. *Moon: Man's Greatest Adventure*. New York: Abrams, 1970.V.

10.Bennett, Jeffrey, with Megan Donahue, Nicholas Schneider, and Mark Voit. *The Cosmic Perspective*. 3rd Edition. San Francisco: Pearson/Addison Wesley, 2004.

11.Benson, Michael. *Beyond: Visions of the Interplanetary Probes*. New York: Abrams, 2003.

12.Boyce, Joseph M. *The Smithsonian Book of Mars*. Washington, D.C., and London: Smithsonian Institution, 2002.

13.Bradbury, Ray. *The Martian Chronicles*. New York: Doubleday, 1950.

14.Breuton, Diana. *Many Moons*. New York: Prentice Hall, 1991.

15.Brian, Denis. *Einstein: A Life*. New York: John Wiley & Sons, 1996.

16.Burroughs, Edgar Rice. *The Gods of Mars*. New York: Grosset & Dunlap, 1918.

17.Caidin, Martin, and Jay Barbree, with Susan Wright. *Destination Mars*. New York: Penguin Studio, 1997.

18.Calasso, Roberto. *The Marriage of Cadmus and Harmony*. Translated from the Italian by Tim Parks. New York: Knopf, 1993.

19.Cashford, Jules. *The Moon: Myth and Image*. New York: Four Walls Eight Windows, 2003.

20.Caspar, Max. *Kepler*. Translated and edited by C. Doris Hellman. New York: Dover, 1993.

21.Chaikin, Andrew. *A Man on the Moon*. New York: Viking, 1994.

22.Chapman, Clark R. *Planets of Rock and Ice*. New York: Scribner's, 1982.

23.Cherrington, Ernest H., Jr. *Exploring the Moon through Binoculars*. New York: McGraw Hill, 1969.

24.Clark, Ronald W. Einstein: *The Life and Times*. New York: World, 1971.

25.Columbus, Christopher. *The Log of Christopher Columbus*. Translated from the Las Casas abstract by Robert H. Fuson. Camden, Maine: International Marine (McGraw Hill), 1987.

26.Cooper, Henry S. F. *The Evening Star: Venus Observed.* New York: Farrar, Straus and Giroux, 1993.

27.Darwin, Charles. , *Voyag*e of the Beagle. Edited by Janet Browne and Michael Neve. New York: Penguin, 1989.

28.Doel, Ronald E. *Solar System Astronomy in America: Communities, Patronage, and Interdisciplinary Science, 1920-1960*. Cambridge: Cambridge University Press, 1996.

29.Elliott, James, and Richard Kerr. *Rings: Discoveries from Galileo to Voyager*. Cambridge, Mass.: MIT Press, 1984.

30.Finley, Robert. *The Accidental Indies*. Montreal: McGill-Queen's University Press, 2000.

31.Galilei, Galileo. *Sidereus Nuncius or The Sidereal Messenger*. Translated by Albert van Helden. Chicago: University of Chicago Press, 1989.

32.Gingerich, Owen. *The Eye of Heaven: Ptolemy, Copernicus, Kepler.* New York: American Institute of Physics, 1993.

33.Gingerich, Owen. *The Great Copernicus Chase and Other Adventures in Astronomical History.* Cambridge, Mass.: Sky Publishing, 1992.

34.Golub, Leon and Jay M. Pasachoff. *Nearest Star: The Surprising Science of Our Sun.* Cambridge, Mass.: Harvard University Press, 2001.

35.Grinspoon, David Harry. *Venus Revealed.* Reading, Mass.: Addison-Wesley, 1996.

36.Grosser, Morton. *The Discovery of Neptune.* New York: Dover, 1979.

37.Hamilton, Edith. *Mythology.* Boston: Little, Brown, 1940.

38.Hanbury- Tenison, Robin. *The Oxford Book of Exploration.* Oxford, England: Oxford University Press, 1993.

39.Hanlon Michael. *The Worlds of Galileo: The Inside Story of NASA's Mission to Jupiter.* New York: St. Martin's, 2001.

40.Harland, David M. *Jupiter Odyssey: The Story of NASA's Galileo Mission.* Chichester, UK: Springer/Praxis, 2000.

41.Harmann, Willliam K. *A Traveler's Guide to Mars.* New York: Workman, 2003.

42.Heath, Robin. *Sun, Moon & Earth.* New York: Walker, 1999.

43.Herbert, Frank. *Dune.* Radnor, Penn.: Chilton, 1965.

44.Herschel,M. C. *Memoir and Correspondence of Caroline Herschel.* New York: Appleton, 1876.

45.Holst, Imogen. *Gustav Holst: A Biography.* London: Oxford University Press, 1938 and 1969.

46.Holst, Imogen. *The music of Gustav Symbolism in Astrology.* London: Oxford University Press, 1951.

47.Howell, Alice O. *Jungian Symbolism in Astrology.* Wheaton, Ill.: Theosophical Publishing House, 1987.

48.Isacoff, Stuart. *Temperament: How Music Became a Battleground for the Great Minds of Western Civilization.* New York: Random House, 2001.

49.Johnson, Donald S. *Phantom Islands of the Atlantic: The Legends of Seven Lands That Never Were.* New York: Walker, 1996.

50.Jones, Marc Edmund. *Astrology: How and Why It Works.* Baltimore: Pelican, 1971.

51.Kline, Naomi Reed. *Maps of Medieval Thought.* Woodbridge, England: Boydell, 2001.

52.Kluger, Jeffrey. *Journey Beyond Selene.* New York: Simon & Schuster, 1999.

53.Krupp, E. C. *Beyond the Blue Horizon.* New York: Harper-Collins, 1991.

54.Lachièze-Rey, Marc, and Jean-Pierre Luminet. *Celestial Treasury.* Translated by Joe Laredo. Cambridge: Cambridge University Press, 2001.

55.Lathem, Edward Connery, ed. *The Poetry of Robert Frost.* New York: Henry Holt, 1979.

56.Levy, David H. *Clyde Tombaugh: Discoverer of Planet Pluto.* Tucson: University of Arizona Press, 1991.

57.Levy, David H. *Comets: Creators and Destroyers.* New York: Simon & Schuster, 1998.

58.Lewis, C. S. *Poems.* New York: Harcourt Brace, 1964.

59.Light, Michael. *Full Moon.* New York: Knopf, 1999.

60.Lowell, Percival. *Mars.* London: Longmans, Green, 1896. (Elibron Classics Replica Edition.)

61.Mailer, Norman. *Of a fire on the moon.* Boston: Little, Brown, 1969.

62.Maor, Eli. *June 8, 2004: Venus in Transit.* Princeton: Princeton University Press, 2000.

63.Miller, Anistatia R., and Jared M. Brown. *The Complete Astrological Handbook for the Twenty-first Century.* New York: Schocken, 1999.

64.Miner, Ellis D., and Randii R. Wessen. *Neptune: The Planet, Rings and Satellites.* Chichester, UK: Springer-Praxis, 2001.

65.Morton, Oliver. *Mapping Mars.* London: Fourth Estate, 2002.

66.Obregón, Mauricio. *Beyond the Edge of the Sea.* New York: Random House, 2001.

67.Ottewell, Guy. *The Thousand-Yard Model or The Earth as a Peppercorn.* Greenville, S.C.: Astronomical Workshop, 1989.

68.Panek, Richard. *Seeing and Believing: How the Telescope Opened Our Eyes and Minds to the Heavens.* New York: Viking, 1998.

69.Peebles, Curtis. *Asteroids: A History.* Washington, D.C.: Smithsonian Institution, 2000.

70.Price, A. Grenfell, ed. *The Explorations of Captain James Cook in the Pacific as Told by Selections of his own Journals 1768-1779.* New York: Dover, 1971.

71.Proctor, Mary. *Romance of the Planets.* New York: Harper, 1929.

72.Ptolemy, Claudius. *Almagest.* Translated by G. J. Toomer. Princeton: Princeton University Press, 1998.

73.Ptolemy, Claudius. *Geography.* Translated by J. Lennart Berggren and Alexander Jones. Princeton: Princeton University Press, 2000.

74.Putnam, William Lowell. *The Explorers of Mars Hill.* West Kennebunk, Me.: Phoenix, 1994.

75.Rudhyar, Dane. *The Astrology of Personality.* Santa Fe: Aurora, 1991.

76.Sagan, Carl. *The Cosmic Connection: An Extraterrestrial Perspective.* New York: Anchor. 1973.

77.Sagan, Carl. *Pale Blue Dot: A Vision of the Human Future in Space.* New York: Random House, 1994.

78.Schaaf, Fred. *The Starry Room: Naked Eye Astronomy in the Intimate Universe.* New York: John Wiley & sons, 1988.

79.Schwab, Gustav. *Gods and Heroes of Ancient Greece.* New York: Pantheon, 1946.

80.Sheehan, William. *Planets & Perception.* Tucson: University of Arizona Press, 1988.

81.Sheehan, William. *Worlds in the Sky: Planetary Discovery from Earliest Times through Voyager and Magellan.* Tucson: University of Arizona Press, 1992.

82.Sheehan, William and Thomas A. Dobbins. *Epic Moon.* Richmond, Va.: Willmann -Bell.2001

83.Standage, Tom. *The Neptune File.* New York: Walker, 2000.

84.Stern, S. Alan. *Our Worlds.* Cambridge: Cambridge University Press, 2002.

85.Stern, S. Alan. *Worlds Beyond.* Cambridge: Cambridge University Press, 2002.

86.Stern, S. Alan and Jacqueline Mitton. *Pluto and Charon: Ice Worlds on the Ragged Edge of the Solar System.* New York: John Wiley & Sons,1999.

87.Strauss, David. *Percival Lowell: The Culture and Science of a Boston Brahmin.* Cambridge, Mass.: Harvard University Press, 2001.

88.Strom, Robert G.. *Mercury: The Elusive Planet.* Washington and London: Smithsonian Institution, 1987.

89.Thrower, Norman J. W., ed. *The Three Voyages of Edmond Halley in the Paramore 1698-1701.* London: Hakluyt Society; 1981.

90.Tombaugh, Clyde W.and Patrick Moore. *Out of the Darkness: The Planet Pluto.* Harrisburg, Pa.: Stackpole, 1980.

91.Tyson, Neil de Grasse, with Charles Liu and Robert Irion, eds. *One Universe.* Washington, D.C.: Joseph Henry Press, 2000.

92.Van Helden, Albert. *Measuring the Universe.* Chicago: University Press of Chicago, 1985.

93.Walker, Christoph, ed. *Astronomy Before the Telescope.* London: British Museum, 1996.

94.Weissman, Paul R., with Lucy-Ann McFadden and Torrence V. Johnson, eds. *Encyclopedia of the Solar System.* San Diego: Academic Press, 1999.

95.Wells, H. G. *The War of the Worlds.* London: William Heinemann, 1898.

96.Whitaker, Even A. *Mapping and Naming of the Moon.* Cambridge: Cambridge University Press, 1999.

97.Whitfield, Peter. *Astrology: A History.* New York: Abrams, 2001.

98.Wilford, John Noble. *Mars Beckons.* New York: Knopf, 1990.

99.Williams, J. E. D. *From Sails to Satellites: The Origin and Development of Navigational Science.* Oxford, England: Oxford University Press, 1992.

100.Wolter, John A., and Ronald E. Grim, eds. *Images of the World: The Atlas Through History.* Washington, D.C.: Library of Congress, 1997.

101.Wood, Charles A. *The Modern Moon: A Personal View.* Cambridge, Mass.: Sky Publishing, 2003.

102.Zubrin, Rober, with Richard Wagner. *The Case for Mars.* New York: Free Press, 1996.

附录 A：鲍威尔书城作家专访[1]

追随达娃·索贝尔的脚步：从佛罗伦萨到冥王星

戴夫·魏克

《新闻周刊》将《一星一世界》一书称作“一次极富想象力的心灵之旅，我们在作者的指引下，得到娱乐的同时都快忘了已大受教益”。英国《每日电讯报》（*The Daily Telegraph*）惊呼：“索贝尔对她的主题绝对充满了激情，并成功地让她的读者也受到了感染。”离她老家较近的《俄勒冈人报》（*Oregonian*）也向她原有作品的崇拜者保证说：“《一星一世界》一书证明，索贝尔仍然是我国最具魅力和最有诗意的科普作家之一。”

如果你感到意外，请举手。没人反对！

十年前，当达娃·索贝尔出版《经度》一书时，她颠覆了美国记述体写实文学的写作方式。科坛宿将和初出茅庐者一样，都贪婪地阅读了约翰·哈里森向现代最大的科学难题发起进攻的故事；受其影响，随后涌现了一大批主题专一、面向外行人的科普文章（通常都带点炫耀性地只用单个词作题目）。四年后，

---

1 原文刊登在鲍威尔书城的官网，鲍威尔书城版权所有（Copyright 2005 Powell's Books）。本文的翻译和收录得到了鲍威尔书城市场开发部主任戴夫·魏克（Dave Weich）先生的授权，特此感谢。

索贝尔带着《伽利略的女儿》重新出现在读者面前，那是一段同样引人入胜却又迥然不同的历史。作者通过档案文件证明了伽利略和他女儿的关系，并纠正了长久以来人们对这位伟大科学家的误解，与此同时，还颇具权威性地描绘出了那个时代的景象。

如今，索贝尔在《一星一世界》一书中，献给我们一封致太阳系的情书、一幅描绘世世代代凝望夜空的人类的诗意画。索贝尔向我们保证："这本书并非只是为我这种天文发烧友（nerds）写作的，其中包含了许多人们乐意知道的东西。"

戴　夫：你在对《一星一世界》进行调研和写作的过程中最有意思的新发现是什么？

索贝尔：我发现最有趣的一桩事就是：认识到相对于太阳系的其他部分，太阳的质量有多大。我知道它的质量在太阳系中占大头，但没想到竟然高达99.9%。那是一个令人瞠目结舌的数字。

戴　夫：你从一块南极陨石的角度写作《火星》这一章。在另一章中，你又将叙述的角度变换为天王星发现者的妹妹。是什么因素促使你为本书选择了这样一种结构呢？

索贝尔：因为我意识到其中没有故事。而且，尽管有不少写行星的书，但真的没有一本是面向那些睿智、受过良好教育却对这个主题一无所知的成年人的。在我心目中，本书是为这类人写作的。

我花了一年时间才琢磨出该如何使用这些材料。我是一个名副其实的太空迷：我曾前往观看宇宙飞船的发射，我参加过太空夏令营。但那是我。你该如何讲给一个对此一无所知的人听呢？这样的人我认识很多。因此，我转而寻找非科学方面的联系，并发现这类材料比我原来设想的还要丰富：神话、科幻、占星术……于是我就拿定了主意。有足够多的题目可以和行星本身相对应了。

起先，我想将每一章与一个特定的人连在一起，他们可以是一个历史上的人物，也可以是一个现代的天文学家。但是，那样似乎显得太做作、太乏味了。各章看上去会千篇一律。我不喜欢那样，差点都要放弃了。我感觉如果那样编排内容，根本没法引起读者长时间的兴趣。

戴　夫：读起来会像一部百科全书。

索贝尔：完全正确。而且那样做也毫无意义。但是，一旦拿定了主意，我发现这样做的工作量比我想象的要大得多。这本书原本三年前就要出版的。编辑们可不知道这些，因此他们想不通我为什么要花这么长的时间。对不起，我要花三个月时间读科幻小说。都是诸如此类的事——因为我以前没读过科幻小说，但我知道《火星》这一章非跟科幻挂钩不可。而且我希望这一章听起来带点科幻小说的腔调。如果你读过科幻小说，肯定会熟悉那一章；如果没读过，那也没关系。

当我开始动笔时，我不知道这些章节都会写成什么样子。我读了关于火星方面的书、论文和网上信息，隔天还会阅读《世界大战》（*The War of the Worlds*）、《沙丘》（*Dune*）或《火星纪事》（*The Martian Chronicles*）。我作了笔记，笔记本上记下的东西是各种主题的大杂烩。在某个时候，一个念头忽然闪现——要是一块火星岩石会说话，情况会如何呢？——于是我又可以继续写下去了。想想，每一章花上几周时间，这本书的交稿就要遥遥无期了。卡罗琳·赫歇尔那一章在全书中可能显得最不可思议，结果却成了我相当喜欢的一章。

戴　夫：如你所说，其中没什么故事，但是感觉全书的结构就讲述了一个故事。这是一本关于人和行星进行互动的书，涵盖了我们对行星的认知和理解——这方面仍处在不断发展变化中。从这个角度来说，本书的结构印证了主题：行星们对许多不同的人意味着许多不同的事情。

索贝尔：正是。这本书并非只是为我这种天文发烧友写作的，里面包含了许多人们乐意知道的东西。

戴　夫：有位评阅人批评你对占星术太当真了。我想，这里有个很好的例子——一个评阅人给你的书评分时说：你写的这本书不对他的胃口。

索贝尔：这种事时有发生的。是《华盛顿邮报图书世界》（*Washington Post Book World*）上那一篇吗？

戴　夫：不是。看来有这种想法的人还不止一个。我记得是《独立报》。

索贝尔：哦，英国的评阅人向来很严厉。我想那是帕特里克·摩尔（Patrick Moore）的评论。我直纳闷：他们干吗要把它交给一名天文学家评阅呢？天文学家当然会做出那种反应。

我在写的时候就知道，占星术那一章会引起争议。我请好些天文学家审查过这本书——有三人读完了全书，其他人读了与他们专业相关的章节——读过占星术这章的人都会在书边的空白处写上："怎么会这样，这是真的吗？"看得我直乐。当然，你也说不清楚。

有一阵子，我担心：如果卡尔·萨根[1]还在世，他会怎样评论我的所作所为呢？但我希望他会理解，如果你简单地重复其他科普作家的陈词滥调"那只是一派胡言；你应该学习天文学"，谁也不会注意到你。你得像都布森[2]那样，在人行道上截住他们，朝他们大喝一声："嗨，看这边。"结果有些人，比如《华盛顿邮报图书世界》的评阅人，就认为我真的相信占星术。得，我认了。

---

1 卡尔·萨根（Carl Sagan，1934—1996），曾担任康奈尔大学天文及太空科学系的大卫·邓肯讲座教授及该校行星研究中心的领导人、加州理工学院喷气推进实验室的卓越科学家、世界上最大的业余太空科学组织——美国行星协会（Planetary Society）的联合创办人及会长。曾担任美国航空航天局"水手号"、"航海家号"及"海盗号"等无人宇宙飞船的太空规划顾问。他制作的电视影集《宇宙的奥秘》（*Cosmos*）全球计有5亿人收看过，其同名书籍高踞《纽约时报》畅销书排行榜达70余周之久。一生创作了30余本书，其中《伊甸园之龙》（*The Dragons of Eden*）曾获得1978年的普利策奖，《接触未来》（*Contact*）亦被改编成同名电影。萨根去世后，美国科学基金会颁发了一项最高荣誉给他，并称赞："他的研究工作改变了星际科学……他给人类的礼物是丰盛无比的。"

2 都布森（John Lowry Dobson），是2005年出品的纪录片《人行道宇航员》（*A Sidewalk Astronomer*）的制片人、《超越时空》（*Beyond Space and Time*）一书的作者。

戴　夫：但是无视占星术又会否认一大批人的存在——对这些人而言，行星就代表了占星术。

索贝尔：正是如此。不过没关系。我不想去改变世界。我只是在想，如果你对行星的这些方面感兴趣，你可能也愿意知道伽利略就是一位星相学家。它甚至比你想象的还要有趣呢。

戴　夫：能不能帮忙解释一下：海王星距我们有几十亿英里远？

索贝尔：20多亿英里。

戴　夫："航海家2号"怎么能只用13年就飞抵那里呢？

索贝尔：它一路上通过靠近其他巨行星得到推进，而这些行星在太空中的排列方式刚好使这一切成为可能。有一种被天文学家们称为"盛大旅行"（the grand tour）的罕见机遇；允许这一切发生的时限仅有几年。它们还没到过冥王星，但是现在已有一艘宇宙飞船获得了批准，正在佛罗里达州的卡纳维尔角整装待命，计划在明年1月发射升空。因此很激动人心。

戴　夫：在你的每一本书里，我们看到每项发现都会传到许多其他科学家的耳朵里，哪怕这项工作跟他们并没有直接关系。比方说，在《经度》一书中，有些人试着通过研制可靠的时钟来解决经度问题，而另一些人则在绘制星空图……

索贝尔：他们并不在一起工作，尽管有些人在同时使用这两种办法。伽利略没有取得成功，但他曾从两方面入手解决过那个问题，我觉得这是一件耐人寻味的事。

戴　夫：他们也不全是专业人士。

索贝尔：如果人们过上了足够舒适的生活，他们就会开展自己的研究工作。像威廉·赫歇尔，就没受过专业训练。他在明确自己的兴趣在数学和天文学方面之前，是一位音乐家。他后来成了那个领域的佼佼者。你说那是因为他是个不世奇才呢，还是因为时代不同了？很难说，可能两方面的因素都有一点吧。

戴　夫：约翰·哈里森的经历使我想起了西蒙·温切斯特（Simon Winchester）的《一张改变了世界的地图》（*The Map that Changed the World*）中的威廉·史密斯。皇家协会那些人对圈子外的人有时真够狠的。

索贝尔：非常狠。有人告诉我，如今这种事在英国还时有发生，情况并没有多大改观，等级观念还是很强。

戴　夫：那是人的本性，也许该说是动物本能吧，要保护自己的势力范围。但是，我之所以想到研究进展会出现交叠的问题，是因为你在《一星一世界》中说了这么一段话："1599年，开普勒将行星的相对速度和弦乐器的可演奏音程进行类比，得出了一个C大调和弦。"

索贝尔：开普勒的确很深邃。他的思想非常神秘。他的一些想法极其疯狂，但又妙不可言。

戴　夫：为什么你成了一位科普作家而不是科学家呢？

索贝尔：我不具备当科学家的素质。上大学时我试过。有段时间我学的是生物化学专业。

我一直喜欢写作，我今年58岁了。我上学时，没有听说过科普写作还可以当职业。如果知道的话，我一开始就安定下来了。相反，我被迫换了5个专业，多受了许多罪。即使到了临近毕业的时候，我还不知道自己该朝哪个方向发展。IBM公司来学校招人，我就去那儿做了一段时间技术作家，但那个公司的氛围并不适合我。我又回到了学校——我想还是先读一段时间研究生再说。在那里，我很偶然地碰到了一位在本地报社工作的同学。她说："报社还有个空缺职位……"一切就这样开始了。

因为我应聘的是女性版面，他们就让我随心所欲地干。那一年头一次设立了"地球日"，因此我对人们如何保护自然资源和防治环境污染方面很感兴趣。我成了科普作家，但还不知道那就是你们所谓的"科普作家"。然后我搬到了绮色佳市，而康奈尔大学的新闻局刚好有个职位——需要人去报道学校的各项研究工作。那是一份适合我的工作。我很高兴。

戴　夫：你为了写作所到过的地方中，哪里最有趣?

索贝尔：我去看过宇宙飞船发射。我曾跑去观看"火星漫步者"（Mars Rovers）的发射，但是我在现场的那天晚上，发射被取消了两次。我开始觉得：是我带去了坏运气，如果我不离开，这个东西就没法在它的发射时限内升空；于是我就走了。

我跑到喷气推进实验室观看他们建造“卡西尼号”宇宙飞船。我站在一个小凹室（观察台）中，看着下方一个处于完全密封状态的一尘不染的巨大房间里，只有3个人在慢慢打造那个大家伙。那是最让我惊异的事。

我在对生理节奏（Circadian rhythm）进行报道时，当过试验对象。那真有趣——虽然算不上最令人愉快的事，却很迷人。我去过生物圈。记得吗？那是一个古怪的地方，但非常漂亮。此外，我还被派去观看了几次日全食。

戴　夫：为了写作《伽利略的女儿》这本书，你在意大利住了多久？

索贝尔：我去了四五次，但每次都不超过两周。

戴　夫：意大利科学家午餐时喝红酒吗？

索贝尔：是的，有时候喝白葡萄酒。

戴　夫：那里的日子过得很滋润啊。

索贝尔：生活节奏更宜人些。很可爱的生活。如果非得让我在意大利翻译伽利略的女儿写的信，那会非常困难；但它们已经被打印成了意大利语，这样我就可以从印出来的材料入手，而不必直接阅读她的手稿了。当然，能看见真迹感觉真好。

戴　夫：你什么时候学会说意大利语的？

索贝尔：我上大学时学的——没别的原因，还是因为太迷茫。我室友说：“你应该学意大利语，这样我们就可以一起去上课了。”那就是我的大学生涯——空虚。但我喜欢这种语言，于是就坚持学了下去，现在真还派上了用场。

一直以来，我并没有真正说过意大利语，所以我又回到了学校里。当你年轻时，不管深入地学了点什么东西，都会保存下来，以后只要稍微拎一拎，就可以捡起来。我在写那本书时很高兴地发现了这一点。我不想将翻译信件的工作承包给别人，那是整个故事最最核心的部分。

戴　夫：严格说来，《伽利略的女儿》不是传记，而是用父女关系作为故事的主线，对那个时代的大图景所进行的刻画。

索贝尔：是的，谢谢你这么说。

戴　夫：我很吃惊地在你的其他书中读到过一些关于伽利略的故事，是《伽利略的女儿》里没有提到过的。

索贝尔：我不喜欢重复自己。

戴　夫：将一些有趣的事情略去不写，一定很难吧。

索贝尔：有时是比较难。但有趣的是……每个世纪都会重新塑造伽利略的形象。我是伴着“藐视教会的现代科学家”这么一个特定的伽利略形象成长起来的。后来发现了他女儿的这些书信，我就想：天哪！他们教给我的东西全弄错了！所以我最终会想要和大家分享一些关于他的事。

我对伽利略一向很感兴趣，部分原因就在于我自以为了解他的情况——那些事情都非常有趣，结果发现全错了。但是他比人们教给我的那个形象还要生动得多、复杂得多。我不是天主教徒，但问题的关键是：他是一个天主教徒；他不是无宗教信仰的人。他们为什么要诬陷他无信仰呢？

戴　夫：事实上，他从家里就看得到他女儿的修道院……他们的亲密关系中透露出一种紧张气氛。你几乎可以看见他瞪着双眼，站在窗前。

索贝尔：她在那里，就困在修道院里。但这个女子真够神奇的：她熟悉房地产业的行情；她在很多方面都卓有才干，却能做到完全逆来顺受。

戴　夫：我对天王星侧躺着自转的现象很好奇。当然，那会不可避免地引发这样的问题：水在天王星上流进下水道时，打出的漩涡会朝哪个方向呢？

索贝尔：因为那上面根本没有水，所以不存在这个问题。但是你知道，那些南半球的漩涡和北半球方向相反的说法本来就不对。如果你去赤道，会发现有人在进行演示，要表明稍微挪动一下位置，水就会朝另一边转，但那完全是一派胡言。

同时指出一下，金星倒着转。

戴　夫：菜鸟会问：此话怎讲？

索贝尔：它自旋的方向是反的。那里有些东西很难理解，但是还赶不上宇宙天体论（cosmology）那么玄。你不必想象11个不可见的维度。

戴　夫：布莱恩・格林[1]很成功地降低了这个主题的难度，让外行

1 布莱恩・格林（Brian Greene）是美国哥伦比亚大学物理学与数学教授，曾出版《优雅的宇宙》（*The Elegant Universe*）和《宇宙的材质》（*The Fabric of the Cosmos*）等科普书，向大众介绍超弦理论等高深的宇宙物理学知识。

读者也读得懂了，但他论述的那些概念确实都非常难。

索贝尔：充满迷幻色彩。我们还是聊行星吧。

戴 夫：大约5年前，我开车穿过华盛顿东部时，停在路边的一个露营地。我们不知道这块营地和一个公立天文台有联系，也不知道那天晚上可以看到流星雨。我们只是想，这儿人可真不少啊。

那个地方本来就有一架大望远镜，但是到太阳下山时，整片草地上挤满了人，他们铺着毯子，带来了自己的观察设备。是不是有一些特别受业余天文学家青睐的聚集点？

索贝尔：我想告诉你：他们无处不在，甚至在纽约这样一个连星星都看不到几颗的地方也有。他们都是些顽固分子，而且很热衷于把这种业余爱好传染给别人。如果你想用望远镜进行观察，去找你所在地区的业余天文兴趣小组准没错。你总能找到这么一些人，他们每月至少有一个晚上，会纠集一伙人上公园或哪家的院子里去。他们会让你用望远镜进行观察，并花整晚的时间向你进行解释。

那是一群与众不同的人，他们是世界上最友善的发烧友。他们都记得自己第一次通过望远镜看见土星时的那份激动，无论它当时看起来是什么样子的。他们都希望那样的激动能再现，如果你加进来，他们就可以得到这样的机会了。他们会觉得这样更有意思。

戴 夫：记得我住在科罗拉多州时有个夜晚，处在近地点的月亮，为大地披上了一袭银装。我们走到户外，坐在我室友的车上。月光很明亮，我们都能在月光下看书。那是我从未体验过的情景。

索贝尔：在山里确实很不一样。你会置身于湿润的大气水层之上，因此看什么东西都会更清晰。那晚是满月吗？

戴　夫：是一轮处在近地点的满月，地面覆盖着皑皑白雪，所以整个世界都是白茫茫的。似乎全城的人都出来了，都跑到街上，抬头傻看。

索贝尔：那真是太美妙了。最近在纽约市出现了两次月全食，一次在去年，另一次在前年，也是全城出动。在纽约市，人们平时是不看天的，因此看到每个人都站在街上仰头望天，会有一种很奇妙的感觉。多美妙的景象啊！

戴　夫：我在城里住了8年后，经常会忘记天空不久前还是人们日常生活的重要组成部分呢。

索贝尔：因为所有这些光污染，我们甚至已开始失去生动的宇宙景观，真令人惊骇。有些孩子从没见过银河，而且可能一辈子也没机会见到它！

戴　夫：你下一步计划做什么？这些行星有没有将你引向另一个故事呢？

索贝尔：没有，但是和它们相关。我想写一部关于哥白尼的剧本。这个念头我已经动了30年了。30年前，我想，我对剧本写作一无所知，因此就放弃了。现在我不那么害怕尝试一些有难度的新东西了。我不知道能否成功，但我愿意花一两年时间试试，看自己是否可以取得进展。[1]

我还是喜欢以某种形式为杂志撰稿。现在正在出一些令人着迷的专刊，都是关于时间这个主题的。闰秒正在受到威胁，这可能是天文界和工商界之间的一场有趣论战。工商界不喜欢闰秒；闰秒会让每个人计算机的时间都出现误差，因此他们一心想除掉闰秒。当然，那意味着我们所说的时间，慢慢地会和地球在宇宙中的位置毫不相干。对天文学而言,那可不是什么好事。我对此很感兴趣。时间是最复杂的课题之一，而我也不断地涉及它。主持过最早的经度研讨会的那个会员（威廉·安德鲁斯）已成了一名日晷制作师（dialist）。他设计制作的日晷仪精确到了分钟。我写过一篇介绍他的文章，因为我觉得日晷仪是件非常迷人的东西。他曾制作过最复杂的时钟；对他来说，拆开那些仪器不算什么难事。从那样的东西转到不含运动部件的东西……很奇妙。

戴　夫：你能给读者们推荐一些科普作家吗？

索贝尔：劳德（M. G. Lord）的《天文学家的地盘》[2]是一本很好玩的书，它的主题是宇宙——实际上是关于行星科学家们的社会学。劳德是我的好朋友。她父亲是一位火箭科

1 在与作者通信中得知，她已基本完成了这个剧本，并在最近的彩排中得到了不错的反响。

2 “Astro-Turf” 原为“人造草坪”的意思，但这里一语双关，“Astro”是星星的词根，而“Turf”也有需要捍卫主权的领地这层意思。据作者解释，本书讲述的是制造宇宙飞船的喷气推进实验室里发生的一些故事。因此这里试着将本书的书名“Astro-Turf”译为《天文学家的地盘》。

学家；她从小就是科幻迷，所以书中也融合了不少科幻思想。

西蒙·辛格（Simon Singh）的《大爆炸》（*The Big Bang*）也非常好。

我朋友戴安娜·阿克曼（Diane Ackerman）写过一本关于行星的诗集[1]，也很迷人。这本书写于20世纪70年代，那时她还在康奈尔大学读英语文学专业的研究生。她请了卡尔·萨根做自己的指导委员，让他连着一年每天在她身上花一个小时的时间。他也觉得这个想法很有意思——竟然有人要写关于行星的诗歌。

戴　夫：你那时也在康奈尔大学吗？

索贝尔：是的。就因为我是科普作家并对天文学很感兴趣，才认识她的。报道艺术新闻的一位记者在采访过戴安娜后对我说："你应该去会会这位女士。你和她会成为很好的朋友的。"真有趣。

戴　夫：太妙了，一个文学专业的学生每天跟卡尔会面一个小时。

索贝尔：他对这个主意也很上心。他给她单独讲授行星科学。那是史无前例的，我敢肯定也后无来者了。

达娃·索贝尔在2005年10月28日访问了鲍威尔书城

1 指的是《行星：宇宙牧歌》（*The Planets: A Cosmic Pastoral*）。

附录B：美国科学家在线《科学家的床头柜》栏目访谈[1]

达娃·索贝尔的“书架”访谈

高产作家达娃·索贝尔以其成功作品《经度》（Walker出版公司，1995年）而为世人瞩目。她担任过《纽约时报》的记者，曾为《奥杜邦》（*Audubon*）、《发现》和《生活》撰稿。她最近出版的作品是《一星一世界》（Viking出版公司，2005年）。

能告诉我们一些您自己的情况吗？

我现年58岁。作为一位科普作家，我已经是这个行当的老兵了，可以归到这个职业名下的各种活儿我都干过：我当过《纽约时报》的科学记者，写过（或与人合著过）几本科普书，编辑过科学文集，为《哈佛杂志》和《纽约客》等杂志写过科学题材的稿件。我很喜欢自己从事的工作。有人曾经对我说：“我很讨厌你这种工作，因为干起来就好像一篇接一篇地写长篇研究论文。”实际情况确实如此，但那正是我喜欢这份工作的原因。

---

1 这是美国科学家在线（American Scientists Online）对有新作出版的科普作家和科学家进行的一种问卷式调查，问题都是统一的。在作者的帮助下，我取得了该机构代表Mia Smith女士的授权，得以将这篇作于2005年的访谈翻译出来并收录为本书附录，特此感谢。文中提到的一些书在国内还没有译本，我也没读过，因此只能根据自己的粗浅理解尝试译出，仅供参考。

为了工作或消遣，您现在在读（或刚读完）哪些书？您为什么选择它们，您对它们有什么评价？

我被聘为《洛杉矶时报》图书奖（科技类）的评委，为了完成这项任务，我眼下正在读2005年出版的所有科普书。因此，我将自己的讨论局限在本年度的所有畅销书里面。我刚读完玛丽·罗曲（Mary Roach）的《僵硬》（*Stiff*，W.W.Norton出版公司，2003年）。读这本书时我多次放声大笑，但同时也被作者说服，要当器官捐献者了——以前我一直都只是说说而已。我刚开始读琼·狄迪恩（Joan Didion）的《不可思议的一年》（*The Year of Magical Thinking*，Knopf出版公司，2005年），我非常欣赏她斩钉截铁、毫不含糊的写作风格。正常情况下，我不会在工作需要之外涉猎这么广泛的，但是我刚完成《一星一世界》的一次图书巡展（book tour）——接连三个星期我都要在早上7点赶飞机，于是我就充分地利用了这些空中旅行的时间。

您通常会在什么时候什么地方进行阅读（说明具体的时间、地点等）？

进行调研的时候，我会每天清晨或晌午在办公桌前读书，边读还边做笔记。我在实施一项写作计划时，很少作消遣性的阅读；但是如果条件允许的话，我会捧本书坐在安乐椅上享受一下午的。因为老出差，我还经常在旅途中阅读。

您最喜欢的作家（小说、纪实文学和诗歌）都有哪些?

我将答案限定在已故作家里。我承认自己喜爱帕特里克·奥布莱恩[1]，他的《奥布莱-马图林》系列小说［更别提他的约瑟夫·班克斯（Joseph Banks）传记］，让我得到了学习机会，为以后的工作打下了基础。我最喜欢的纪实文学作品也是关于探索和冒险方面的，比如阿尔弗雷德·兰辛（Alfred Lansing）的《“坚忍号”南极求生纪实》（*Endurance: Shackleton's Incredible Voyage*，McGraw-Hill 出版公司，1959 年）。至于诗人，我不得不违反自己设定的“已故作家”这个限定，提名我的朋友戴安娜·阿克曼，因为她的诗集《行星：宇宙牧歌》（Morrow 出版公司，1976 年）中的行星诗，长期以来一直给我带来灵感和愉悦。

在您读过的书中，哪三本最好？请说明原因。

为了能集中思想，还是回到科普书（已故作家写作的）这个范畴里吧，我选择蕾切尔·卡逊（Rachel Carson）的《寂静的春天》（*Silent Spring*，Riverside 出版公司，1962 年）——因为它永久性地改变了这个世界，卡尔·萨根的《宇宙联系》（*The Cosmic Connection*，剑桥大学出版社，2000 年）——因为它成功地让读者感觉到了和宇宙的联系，以及达尔文的《乘小猎犬号环球航行》

---

1 帕特里克·奥布莱恩（Patrick O'Brian，1914—2000），英国著名小说作家，以写作 19 世纪航海家小说著称。其代表作是以拿破仑战争为背景的 20 卷长篇系列《奥布莱-马图林》（*Aubrey-Maturin*）。此外，他还撰有《毕加索传》，译有法国女作家西蒙·德·布洛瓦的作品。“二战”期间曾短期为英国谍报机构服务，1949 年后迁居法国南部。

（*Voyage of the Beagle*，1839 年）——因为它显示了年轻人从事科学工作可以开心到什么程度。

对您影响最深远的是哪本书？说明都产生了怎样的影响。

是伽利略的《关于托勒密和哥白尼两大世界体系的对话》（1632 年）。作者熬过了你能设想出的最恶劣的审查和谴责，但是他最终又重操旧业，甚至还大胆地写出了另一本书。

列出您想读却还没读的三本书。

大卫·麦卡洛（David McCullough）的《1776 年》（Simon & Schuster 出版公司，2005 年）、乔纳森·赛峰·福尔（Jonathan Safran Foer）的《真相大白》（*Everything is Illuminated*，Houghton Mifflin 出版公司，2002 年）以及阿普斯利·彻丽–杰拉德（Apsley Cherry–Garrard）的《世界上最糟糕的旅程》（*The Worst Journey in the World*，1923 年）。

您会向年轻的读者们推荐什么书？

威尔逊（E. O. Wilson）的《博物学家》（*Naturalist*，Island 出版社，1994 年）——作为成年人我也非常喜欢读这本书，在阅读的过程中我记得自己一直在想：它会怎样地激发年轻人选择投身于科学事业。

简·李·莱森（Jean Lee Latham）的《加油，波蒂奇先生》（*Carry On, Mr. Bowditch*，Houghton Mifflin 出版公司，1955 年）——以小

说的形式讲述了年轻的纳撒尼尔·波蒂奇的真实故事：他还在当学徒的时候就自学了拉丁语，以便阅读牛顿的《自然哲学之数学原理》，后来又系统地整理了航海科学。

您会向非科学家读者推荐哪些科普书？

我自己写的书统统属于这一类，我朋友们的书也都属于这一类。这样做可能会因为无意中的遗漏而冒犯一些人，但是我愿意真诚地推荐最先进入我脑海的 5 本书。它们按作者姓氏的英文字母次序排列分别为：

玛西娅·巴楚沙（Marcia Bartusiak）的《透过黑暗的宇宙》（*Through a Universe Darkly*，Harper Collins 公司，1993 年）

科尔（K. C. Cole）的《宇宙与茶杯》（*The Universe and the Teacup*，Harcourt Brace 公司，1998 年）

劳德（M. G. Lord）的《天文学家的地盘》（*Astro-Turf*，Walker 出版公司，2005 年）

理查德·潘尼克（Richard Panek）的《眼见为实》（*Seeing and Believing*，Viking 出版公司，1998 年）

乔纳森·维纳（Jonathan Weiner）的《与鸟为伴》（*The Beak of the Finch*，Knopf 出版公司，1994 年）

您愿意将哪本书推荐给您所在学科方向以外的科学家？请您说说推荐的理由。

如果很宽泛地将我的“领域”定义为天文学史，我愿意推荐欧文·金格里奇（Owen Gingerich）的《无人阅读的书》（*The Book Nobody Read*，Walker 出版公司，2004 年）。它按年代先后记述了作者自己 30 年如一日寻找《天体运行论》（哥白尼于 1543 年确立太阳为太阳系中心的作品）所有现存拷贝的经历；在此过程中，他不仅揭示了哪些著名天文学家（第谷、开普勒等）阅读过哥白尼的作品，而且还揭示了谁拥有哪个拷贝，以及每个人在书边空白处都写了些什么东西，因此给出了一个令人着迷的历史实例，说明思想是如何传播开来的。

附录C：我的日食之旅[1]

满怀巨大的喜悦与期待，我这个夏天将重返中国。2008年3月，我第一次访问中国，应邀参加了上海和香港的文学节，并在两地的大学举行了讲座。这次，我将随同一些专业天文学家和业余天文爱好者，专为伫立于月球阴影之下而来。7月22日，在亚洲和太平洋的部分地区可以观看到大自然的一大奇观——日全食。我希望能在苏州市郊靠近嘉兴的一个市立公园里目睹这一奇观。我之所以说“希望能目睹”，是因为在计划日食之旅时，谁都没有把握到时候是不是真的有幸能看成。尽管精确的日食时间和地点在许多年（甚至许多世纪）以前就能预测出来，但是美梦能否成真，还取决于当地那个关键时刻的天气。

去年夏天，我飞抵西伯利亚，去观看8月1日时将会发生的日食。7月最后一个星期，天一直阴沉沉的。焦躁不安的游客们在旅馆的休息室里走来走去，不时用笔记本电脑查一下卫星天气预报，看上去个个都显得无比郁闷。甚至到了日食的那一天，天空依然是乌云笼罩，形势不容乐观。但是我们这队人马还是登上了客车，启程前往一家野营地，那是导游为我们选定的日食观看

---

1 本文为我在2009年6月应《大众科技报》主编尹传红先生之邀，约请即将前来中国观看日全食的达娃·索贝尔女士写作的一篇文章，由我翻译，分两次刊登在2009年6月10日和14日的《大众科技报》上。我在本书译后记中写到了这次日食的观看过程。

点。一路上，天似乎亮了些，我们的情绪也随之有所回升。突然间，乌云裂开了一道小口，然后越开越大。最后令人惊喜不已的是，乌云散开了，老天赐予我们完美的能见度，让我们可以尽情观看日食的全过程了。因此，这次西伯利亚日全食看起来更像一个出人意料的大奇迹。

今天，在我写作这篇文章时，苏州地面气温为 81 ℉（27.2℃），天气晴好。不过，预计今晚会有雷阵雨，而且时间还太早，没法预报出 7 月 22 日那天的天气。

今年这次日食会特别长。我的意思是说，在某些地区，日全食将持续 6 分多钟。我知道，对于普通的追踪活动而言，这也许并不算很长的时间，但在日全食追随者眼里，6 分钟简直像是漫长无限了。因为日全食的持续时间最长也不过 7 分钟多一点，因此只要上了分钟都大有看头，值得冒险。2005 年，为了观看一次历时 37 秒的日全食，我乘坐一艘小游船，长途航行到了太平洋中部。兴头这么大的可不止我一个，除了和我同乘“M/V 加拉帕哥斯传奇号”的 100 余名旅伴之外，另外还有 3 艘船也“加入了”我们的追踪行列——虽然沿着广袤洋面上的全食带，我们始终都没见到它们的踪影。

相比之下，2009 年这次日全食真可谓大众日食了。它的中心线刚好穿过好几个亚洲大城市，其中包括中国的上海、成都、武汉和杭州。这就意味着，上千万的人只需走到户外，仰头观望，就能体验日全食了。他们不必经过漫长而昂贵的旅行，就可以观看并享受到一生难得碰上一次的机遇。

我的言下之意并不是说日全食是一种罕见的天象。事实上，它几乎每年都会在地球某处发生一次。但是，最经常出现的情况是，日食的阴影仅仅扫过窄窄的一小片偏远地区，因而只有少数身处其中的幸运儿才有缘看到。比方说，所有观看 2003 年那次日全食的人，都必须先艰苦跋涉到南极地区（本人就错过了那一次）。2009 年的日全食拥有一个能吸引广大观看者的地理位置，又赶上国际天文年（这是由联合国确定的一项世界性太空庆典），看来真是适逢其时了。

如果在适当的时候，你刚好很幸运地身处一座发生日食的城市，或者位于全食带行经的长江沿线部分地区，你就有望看到太阳的金色面庞隐身于月球之后的奇景。

太阳变黑时，整个天空都会暗下来，显现出熹微时分那种幽蓝色调，而壮丽的日冕也会跃入人们的眼帘。这里展示的巨幅画面是太阳的外层大气。虽然比太阳表面的温度还要高出好多倍，这个精致的日冕在平时却是看不见的——它被太阳夺目的光辉掩盖住了。而如今在日全食期间，它终于可以闪亮登场了，微微散发着白金或珍珠般的光芒，向外伸展到数倍于太阳直径的地方。

大胆观看吧，不用害怕。日全食那超凡脱俗的美不会刺伤你的眼睛，虽然难免会触动你的心灵，甚至让你热泪盈眶。只有日全食发生前后的日偏食阶段，才会对你的视网膜构成威胁，得戴上保护眼镜才能安全观看。而在日全食期间，你大可放心地用裸眼直接欣赏，将种种美妙奇景尽收眼底：太阳与月亮配对了，金星与水星突然到访了，冕流的构造与外形在变幻，日食的中央黑轮上装饰着华丽的耀斑“红缎带”。然后，从月亮背后突然闪出一道炫目的亮光，打破魔咒，将你惊醒，并逼迫你挪开视线。

1991年，我在加州海湾靠近墨西哥西海岸的地方，第一次观看了日全食。从此以后，我想一次又一次地观看到日全食的渴望与日俱增。迄今为止，我已经看过5次了，即将发生的这一次算是第6次（也许能如愿吧，我希望能如愿，求老天开眼）。

人们也许要问我：“你都看过日食了，干吗还要费这么大的劲、花这么多钱再看一次呢？它们不是全都一个样吗？”

不，它们并非全都一样。这次日食和下次日食中保持恒定的只有日食的成因，也就是月球出现的位置和月球绕着地球运行的模式。

因为一种奇迹般的巧合，我们的月球虽然直径只有太阳的1/400，但刚好又距离我们近400倍，这样就和太阳在我们的天空中构成了绝配。月球在作轨道运行时会周期性地出现在太阳前方，挡住我们的视线。纵观整个太阳系，也只有地球才拥有这样一颗卫星，大小和位置刚好满足了产生日全食现象的各种条件。人类在最终可以乘太空飞船登上火星时，也许会发现许多令人欢欣的东西，但是在火星表面永远都看不到日全食。这颗红色行星虽然有两颗小卫星，可惜无一能胜任这项工作。

日全食的出现时间总是会赶上“新月”——这个月相会将月亮限定在白日的天空中。此外，月球沿每月一圈的轨道运行时，还必须刚好落在其倾斜轨道与地球轨道平面的两个交点之一上。只有这样，它才能遮蔽太阳。在大多数月份中，月球行经太阳上方或下方很远的地方，不会产生日食。有时它们的路径仅有部分重叠，于是就产生了日偏食。但是日全食与日偏食之间的差距之大，套用马克·吐温的话来说，就像闪电与萤火虫一样悬殊。

日全食每次看起来都会出现变化，这有多方面的原因。首先是月球与地球间的距离在变。因为月球的轨道是椭圆形的，这个距离在一个月中周而复始地变动。如果月球靠地球比较近（就像 7 月 22 日将出现的那样），它会投下一道比较大的阴影，全食带将随之变宽，持续时间也会有所增长。反之，如果日食发生在远地点，即月球和地球相距最远时，它也许无法完全遮蔽整个太阳，于是始终都能看到一圈光，而日冕此时自然是隐而不见的。1994 年 5 月，我开了一整天车，跑到纽约上州去观看“日环食”，而今就算只走一小段路，便可再看一次，我也不愿再费这个力气了。对我来说，要么不看，要看就看日全食（“日环食”只有看过和没看过的差别）。

太阳本身是一个动态的气团，时刻都在变，它的磁场活动大致以 11 年为周期，时强时弱。磁场活动较强的时期会产生较多的太阳黑子，而这反过来又会影响日冕的形状和构造。另一方面，月球是一大块古老的岩石，它的形态数亿年前就已确定下来。在每次日食发生时，月球都跟前一次没什么两样。但这一次，因为“嫦娥”之故，甚至连月球也有所改观了。中国发射的首个月球探测器“嫦娥一号”，在成功地完成了长达 16 个月的月面图像拍摄与绘制任务之后，于今年 3 月 1 日在月球赤道附近实现了受控撞月。

日全食每次光临的地区不同，这必然也会改变人们的观看体验。由于我的 5 次日全食，有 4 次是在船上观看的，而第 5 次则是在一个郊区公园观看的，我还没有见识过，动物受了日间黑天的惊吓会有怎样的表现。有人告诉我发生日全食时，它们会安静下来，并返回窠巢；只有等到新的黎明再度降临时，它们才又恢复正常的白日活动。

日全食发生的时刻也会影响观看者的体验。比如，即将发生的这次日食，将从印度开始，那时刚天亮不久，太阳还处在东方地平线之上较低的地方。那里的日全食将持续 3 分钟左右。等日全食抵达上海时，已是北京时间 9:40，朝阳在上升的路途上行程已过半，攀到了一个更具威势的位置。月球宽阔的阴影将为上海 2000 万市民献上一场足足长达 5 分钟的日全食。上海以南 60 来公里的一个地方，因为刚好落在全食带的中心线上，日全食的时间还会延长将近 1 分钟，达到 5 分 55 秒。不过上海应该不会有人为这点差别闹情绪。只要过上两三分钟，令人敬畏的日全食奇景就会令人不安起来。人们可能会开始疑虑（我承认我第一次观看时就是如此）：这世界是否还能恢复正常秩序，还是一切都将永久地保持改变后的这种状态。此时人们也会比较容易理解古代观看者的心情，知道他们为什么要担心太阳是不是已经被天狗吞噬了。

在太平洋中间，7 月 22 日的日全食会达到它此行的中点，并拥有最长的持续时间 6 分 39 秒——在本世纪余下的时间里也是最长的。随后，日食将继续东移，直到白昼结束，阴影将最终离开地球表面，发生这一切时仍然在太平洋洋面上。（有时落日会截断日全食，致使日食中上演的奇景整个儿沉入地平线之下。）

从开始到结束，这次日食将持续 3 个半小时，全食带长度超过 1.5 万公里，但是覆盖区域却不足地球表面积的 1%。

我要感谢美国国家航空航天局的弗雷德·埃斯潘乃克（Fred Espenak）——“日食先生”——他为这些事件做了具体而细致的预测和统计。我有幸在 2005 年和 2006 年两度跟随他一道追踪日全食，有他在身边总让人感觉像是佩戴了护身符。很少有人比他更了解日食特性，也很少有人能对它进行更精心的记录。你可以到埃斯潘乃克的个人网站（http://www.mreclipse.com/MrEclipse.html），观看他那些得之不易的照片。

我自己不拍日食照片。我不太擅长拍照，而且我见过的日全食照片——甚至包括那些拍得最好最漂亮的照片——也没有哪张捕捉到了我记忆中的图景。我打算什么复杂设备也不带，只带一架双筒望远镜去中国。但是我知道，我将会很开心地在观察点转悠，看着其他日食追随者安装望远镜跟踪架、太阳滤镜、照相机三脚架以及气象设备。2006 年，我在爱琴海上跟一个小姑娘攀谈，她告诉我：她父母带了好几架望远镜和多个望远镜相机镜头，他们之所以带她前往只是为能多带些行李。

日食追随者也形形色色。去年在新西伯利亚，我幸运地和一对加拿大夫妇结伴观看，他们的日食装备中竟然还备有一瓶冰镇香槟。在日全食结束时，我们祝酒说：“为下一次日食干杯！”

在那个幸福的日子里，我已经知道我将有机会观看下一次日食。位于波尔得市的菲斯克天文馆（Fiske Planetarium）有一位叫道格拉斯·邓肯（Douglas Duncan）的天文学家，他邀请我以演讲者的身份参加他组织的“通往中国之桥”旅行团。他希望我能根据写作《伽利略的女儿》一书时所做的调研，以及“国际天文年”庆祝伽利略首次使用望远镜进行天文观察400周年的纪念活动，为参团人员举行一次关于伽利略的讲座。

我将告诉我的同伴们，跟伽利略相比，我们多占了一项优势。尽管他是第一个看到诸多天文奇迹的人，但是他从没见过日全食。在他的有生之年（1564—1642），地中海附近地区发生过两次日全食（分别在1598年3月7日和1895年10月12日），但当时的旅行条件受到多方面的限制，伽利略从未离开过他的祖国意大利。

我几乎不敢相信自己的好运——竟然还可以借这次观看日食的机会，与我的中国朋友肖明波重聚。他将我的两本书译成了中文，还在去年文学节期间专程前往上海和我会面，让我倍感荣幸。就算因为阴雨天气，我没能看成日全食，友谊的温暖也会驱走我的失望。据弗雷德·埃斯潘乃克说，在中国的梅雨季节，天空晴朗的概率仅仅是“略微高于50%”。

更令人快慰的是，总是可以期待下一次日全食。随后一次将出现在明年夏天（7月11日），地点是复活节岛附近。我有什么办法去那儿吗?

译后记

对我有些了解的朋友都知道，我是个爱书成癖的“杂食动物”——博览群书，坐拥书城，喜新不厌旧，电子书与实体书并重。我自认为视野较开阔，思想较开明，知识结构较全面，在读书方面不算偏隘保守挑剔之人。但有一点必须承认，我不太能容忍好书被拙劣的译笔糟蹋。每次看到这种情形，就感觉心要滴血，恨不能亲自操刀为其订正或重译，免费干也在所不惜。

这些年，我在豆瓣网和孔夫子旧书网上，陆续为很多书指出过不少严重的翻译或技术错误（甚至还亲手重译过其中一些书的部分章节，以资比对）。我就国内翻译出版的图书大面积存在翻译质量问题，也写过多篇文章，指出当前形势的严峻，分析出现这种状况的原因，并探讨可能的解决方案。坦白地说，这种得罪人的大声疾呼在这些年里所产生的影响相当有限，距离扭转积重难返的怪现状还天遥地远。

一、《经度》

正是基于一种类似“救红尘”的考虑，我在2006年毅然接受了重译《经度》的任务。在整个翻译过程中，我始终要求自己抱持谦虚谨慎、脚踏实地、精益求精的态度，尽力收集和查阅资料（包括充分利用当年还不太发达的互联网），对于任何存疑的地方，总是反复校对、多方查核，绝不轻易放过。在定稿前又多次进行修改和润色，力图做到“信、达、雅”。这种躬身实践，让我体验到了认真译书的艰难和苦辛，同时也加深了对这个追求效率的时代翻译作品何以会大面积出现“好白菜被猪拱”现象的理解。

不过，这段艰苦岁月也让我意外地收获了一份丰厚的额外回报。我在互联网上查找惠更斯的一种荷兰语出版物“Kort Onderwys”的意思时，找到了对此有研究的哈佛大学科学史系教授马里奥·比亚焦利。他不仅解答了我的疑问，还热心地告诉我：他同事欧文·金格里奇教授（《无人读过的书：哥白尼〈天体运行论〉追寻记》一书的作者）可能有《经度》作者的电子邮箱。就这样，我跟达娃·索贝尔女士取得了联系，获得了请她直接答疑的机会。后来，索贝尔女士在《亚洲文学评论》上发表了一篇《互联网上的一段笔墨情缘》，介绍我们的合作过程。她在文中收录了我给她的第一封电子邮件：

亲爱的达娃：

我是来自中国的肖明波。我正在将您的《经度》译成汉语。……

我之所以接受这项工作，是因为我喜欢这本书，并且有意为中国读者提供一个高质量的译本。

我在翻译过程中遇到了一些困难，而且预计以后还会碰到更多。我希望您能帮我一把。请您帮我解答如下几个问题，好吗？……

> 明波列出了“landed son”和“passing fair”等6个具体的问题，不过这封信最打动我的地方还在于他向我发出了合作邀请。在此之前，无论哪个国家，都没有一位译者试过让我以这种方式介入翻译过程。……作者往往会想知道自己的书经过翻译之后质量到底如何，但是很快又会意识到：那不是作者能左右的事情。每家出版社都会选择自己的译者，而这些译者似乎都工作在真空中。作者在书印出来之前是看不到译文的（有时甚至在出版后也看不到）。除非有哪位外国朋友读了这个译本后将意见反馈过来，否则作者和原出版商都没法对翻译质量作出评判。明波在互联网的帮助下，“自寻烦恼地”采取行动，改变了这种局面。……我自己有过将伽利略女儿的信件翻译成英语的经历，知道从许多意思相近的词中找出一个恰当的词来有多难。而对译者而言，那还算较容易的部分。真正的挑战在于，如何把握原文的精神和语气，并将它们用另一种语言表达出来，尽管其中会有许多无形的东西无法翻译——往往就是这些东西将与不同语言对应的文化区分开来。

其实，在责任编辑约请我翻译《经度》前，我并不熟悉这部作品及其作者。拿到原文后，我才真切地感受到该书的魅力，并下定决心要拿出一个与其水平相称的中译本。《经度》讲述的是一位18世纪英国钟表匠——约翰·哈里森的故事，他找到了一种在海上确定位置的方法。索贝尔女士说：“它听起来不像是一本引人入胜的书……在写作《经度》的整个过程中，我认识的人都觉得这个主题不对他们的胃口。有些人还对我选择的这个主题不屑一顾，不置一评。甚至我自己的孩子们也不止一次地问我：‘你真的觉得会有人读这种书吗？’但是，这本书在1995年秋季出版后，出现了奇迹。”《经度》先是得到了《纽约时报》的高度评价，被誉为“不是小说却胜似小说”的“书中瑰宝”，两个月后又登上了《纽约时报》的畅销书排行榜。次年，英国版《经度》一经出版，就直接登上了《伦敦时报》畅销书排行榜榜首，并高居榜首达数月之久。这本作者原以为只有她母亲才会读的书，已被翻译成30多种文字，先后荣获了包括“美国图书馆协会年度好书”“英国年度出版大奖”“法国Le Prix Faubert de Conton大奖”和“意大利Premio del Mare Circeo大奖”在内的多项殊荣。2000年时，BBC公司还将该书的故事搬上了银幕。

我在收集资料的过程中还了解到，索贝尔女士曾担任《纽约时报》科学专栏的记者。在30多年的科学新闻记者生涯中，长期为《纽约客》等多家杂志撰稿，当过《哈佛杂志》和《全知》的特约编辑。她文学功底极为深厚，具有将复杂的科学概念编入精彩故事的非凡能力，以及从科学史中发掘绝妙素材的稀世才华。著名天文科普作家卞毓麟先生在读了我翻译的《经度》之后，也认为索贝尔女士的科普写作已到了炉火纯青的境界，可与他极为推崇的卡尔·萨根和阿西莫夫相媲美。索贝尔女士说她不喜欢重复自己，每个故事都有最合适的表述方式，因此她的每部作品都风格各异，素材也极少重复使用，总能让人耳目一新。她后来又出版了《伽利略的女儿》《一星一世界》和《玻璃底片上的宇宙》等畅销全球的科普著作，并接二连三地获得大奖。有书评家感慨道：“如果多出些这样的书，科学一定会成为我们生活中更受欢迎的一部分。”为了表彰她长期致力于增进民众对科学的理解，美国国家科学委员会在2001年授予她享有崇高声誉的“个人公众服务奖”。她还荣获了波士顿科学博物馆颁发的布拉德福德·沃什波恩奖，以及钟表商名家公会颁发的哈里森奖章。索贝尔女士是一位超级天文迷，常常不远千万里去观看日全食和宇宙飞船的发射。为了表彰她在天文写作方面所取得的卓越成就，天文界以她的名字为小行星30935命了名。她还曾是国际天文学联合会（IAU）行星定义委员会7名委员中唯一的非科学家委员，参与了冥王星“大行星”地位决议草案的讨论和起草工作。

索贝尔女士平时非常繁忙，就连在飞机上或候机室里也经常在办公或写作。但她总是不厌其烦地在第一时间尽其所能给我详尽的解答，让我得以完美地避开许多拦路虎或陷阱。她的热心帮助和权威支持，不仅为我节省了大量的时间，也大大提高了译文的可靠性和准确性——这实在是译者极少能得到的福分！尤其让我感激的是，她还请出版商给我寄来了《经度》的十周年纪念版，这一版非常罕见地由我的校友、第一位登上月球的宇航员阿姆斯特朗专门作了序。索贝尔女士又特意为我们的中译本写了一篇热情洋溢的短序。凡此种种，都在一定程度上为我翻译的《经度》增光添彩。后来，《科学时报·读书周刊》和罗辑思维都对这本小书做过专门的推介，不少豆瓣书友也毫不吝啬地打了高分，并纷纷对我的翻译态度和翻译质量予以肯定。

如今，此书（连同罗辑思维后来推出的定制版）早已绝版，网上每本售价高达一二百元——有时比英文原版还贵。我曾多次收到求助邮件，请我帮忙购买，甚至有书友要求一次性订购100本，可惜我也爱莫能助。其实，在翻译版权过期前，我跟上海人民出版社世纪文景公司续订过合同，准备再版此书。当时我还趁机将一些勘误信息发给有关编辑，后来不知为何没有了下文。出版社有出版社的考虑，我只能在遗憾之余表示理解和服从。南京大学出版研究院张志强院长得知该书的遭遇后，曾热心地向多家出版社推荐再版，令我感铭于心，不敢稍忘。几个月前，承蒙中国科普作家协会副理事长尹传红先生热心牵线，绝版多年的《经度》终于获得了由“未读·探索家”推出新版的机会。我将这个好消息及时分享给了索贝尔女士，她也由衷地感到开心，说这是对作者至高无上的奖赏。

二、《一星一世界》

大概是因为比较认同我严肃认真的翻译态度，索贝尔女士和出版社的责任编辑一致希望我能继续承担她 *The Planets*（《一星一世界》）的翻译工作。刚开始我很犹豫，怕自己译不好，辜负他们的殷切期望，因为我的专业既不是英语也不是天文学，而且平时空余时间本来就不多，还经常被各种事务切割得七零八落。然而盛情难却，我最终还是应承了下来。索贝尔女士告诉我，她对我充满信心，因为这本书本来就是为那些对天文学知之甚少乃至一无所知的人写作的，我的职业道德保证了我会在这项工作中投入足够的精力，而她也会一如既往地为我提供帮助。

在《一星一世界》这本书中，作者“将科学、太空探索、天文史和个人经历，以一种令人愉快的方式糅合在一起”，不断变换笔法和视角，逐一讲述太阳系大家庭中的每位主要成员，因而读起来感觉异彩纷呈、趣味盎然，却又在不知不觉中深受教益。该书出版后好评如潮，被誉为一部具有索贝尔特色的优雅散文、一支献给太阳系的富有魔力的小夜曲、一封致太阳系的情书、一幅描绘世世代代凝望夜空的人类的诗意画。该书知识面相当广泛，行文又极富诗意，给翻译带来了不小的难度。有时为了译好一句引诗甚至会花去数个小时，真可谓寸步难行。记得有好几次，我在翻译的时候总希望下一章会容易一些，结果却发现下一章更难。

索贝尔女士在《互联网上的一段笔墨情缘》这篇文章中说：“明波翻译《一星一世界》时提的问题比翻译《经度》时多出不少，但是我看得出那是因为他在这上面花了更多的精力，而不是更少。”她不时通过电子邮件，将一些新近的天文发现和相关信息告知我，帮我以补遗和脚注的形式，给出原书出版后该领域的一些新进展。我还在网上找到了作者的两个访谈，觉得有助于读者加深对作品和作者的认识，因此也译出来作为该书的附录，供有兴趣的读者参考。尤其值得一提的是，我在翻译的过程中，发现并指出了《一星一世界》原书中的几处错误。作为国际知名作家的索贝尔女士丝毫不以为忤，虚心接受，迅速转给自己的编辑作勘误，并多次真诚地向我表示感谢。她在《互联网上的一段笔墨情缘》中这样写道：

到 2007 年中秋时，明波已经在“校对和打磨”《一星一世界》的第一稿了。而且，此时的他已不只是译者了，同时也成了“事实核查员”。他对技术细节真可谓一丝不苟。此前，我只需查看自己的书本就可以回答他的问题，而如今我还得翻看调研时查阅过的参考书。

您在书中提到：“地球的自转也在减速，每年减慢百分之几秒”（原书 114 页），但是在接下来的一页中又说：“目前，几乎感觉不到地球自转速度在降低，因为每五十年也不过慢一毫秒而已。”

据我理解，这两句话不可能同时成立。第一句中的数值似乎偏高了。

我并非想批评您或显得不礼貌。如果我的言语中有挑刺的口气，请一定见谅。

明波说得对，第一个数值确实高出太多了，地球每年减慢百万分之几秒（而不是百分之几秒）！科普作家将这种错误称作“硬伤”（howler），一种他们绝对不愿意在自己的书上看到的严重的、让人难堪的错误。但是，我竟然犯了这种错误，而且我同事中的所有技术专家和编辑朋友都没将它找出来。显然，谁也没有读得像明波那么仔细。我在一封致谢函中向明波提到了这一点。然后，我给自己的美国编辑写了信，通知她这个勘误信息，以免这个硬伤继续出现在以后的版本中。在明波完成《一星一世界》的最后校对工作之前，我又给我的美国编辑发了三封勘误信。

后来我翻译著名物理学家戴森的书话集《反叛的科学家》和《天地之梦》时，也发现了原书中的几个错误（包括一篇文章中缺漏了一大段，致使上下文意思不连贯），90岁高龄的大科学家收到我的邮件后，也对我表示了由衷的感谢，夸我是世界上读过该书的人中最认真的一位，并将邮件直接转发给出版商。索贝尔女士和戴森教授都跟我提及，他们的书在出版前经过了多位专业人士近乎苛刻的全方位审核和校对，虽然不能保证不存在错误，但这种概率已相当低，因此觉得我还能从中挑出错漏是难能可贵的，是令他们肃然起敬的。作为译者，反过来对原书质量提升也作出一点贡献，无疑是可引以自豪的。

我觉得翻译应该双向沟通，不仅有责任将国外的优秀作品以较高的质量翻译介绍给国内读者，同时也有向外国朋友介绍本国情况的义务。因此，我利用与索贝尔女士通信的便利条件，不失时机地向她介绍了中国的历史文化、风土人情和科技发展，以增进她对中国的了解和感情。比如，在“嫦娥一号”发射升空之后，我给她讲了嫦娥奔月的故事；在中秋节时又告诉她：月亮自古以来就在中国人心目中享有崇高而独特的地位，并将《望月怀远》《水调歌头·明月几时有》等名篇的英译版推荐给她。索贝尔女士说，她非常高兴获得我这样一位可以向她传授中国知识的私人导师。《一星一世界》介绍的行星文化，主要根植于古希腊、古罗马等西方文明，因此她对我讲述的中华文明中的行星文化特别感兴趣，还说如果动笔写那本书之前就知道了这些内容，她也许会为某些章节选择另一种写法。

我多次鼓动索贝尔女士访问中国大陆——尤其是在北京主办奥运会的2008年——想请她来亲眼看看这个历史悠久而又日益崛起的东方大国，亲身感受一下博大精深的中华文明，那滋味和逛纽约唐人街肯定会很不一样的。刚开始，她觉得那完全不可能，因为当年的计划已经排得很满。可是不久之后，我惊喜地得知她受上海文学节和香港文学节的邀请，可以在2008年3月1日来华访问。我告诉她，我将携全家前往上海和她会面，她听了也喜出望外。我马上和责任编辑周运老师取得了联系，一面加紧《一星一世界》的出版工作，一面又为她在上海文学节的空余时间穿插安排各项活动。

索贝尔女士和我都是2月29日晚上抵达上海的。第二天下午3点，文学节在地处外滩的魅力酒吧为她安排了一场作家专访。我们全家和责编老师赶到会场时，时候已经不早了。我找到她后，就走上前去打招呼。还没等我介绍自己，她立刻就认出我来了。我们双目凝望，彼此都难抑内心的喜悦——经过近两年的通信，我们终于见面了！而且，和书中一样，我也给她带来了“一个6岁左右的小女孩”。

索贝尔女士送给我女儿一件意义非凡的礼物——《经度》开篇时提到的那种铁丝球！她后来在演讲中朗诵的正是这一段：“在我还是小姑娘的时候，有个星期三，父亲带我外出游玩。他给我买了一个缀着珠子的铁丝球，我很喜欢它。轻轻一压，便可将这个小玩意收成一个扁扁的线圈，夹入双掌。再轻轻一扯，又可让它弹开，变成一个空心球。它在鼓起来的时候，很像一个小小的地球。那些铰接在一起的铁丝，就像我上课时在地球仪上看到的用细黑线画出的经纬线，都是些纵横交织的圆圈。几颗彩色的珠子，不时从铁丝上滑过，就像是航行在公海上的轮船。”在一次通信中，我跟她提过：就在编辑约我翻译《经度》的前两天，我带女儿去鼓浪屿游玩，从一位小贩手里买到过这样一个小铁丝球；我女儿一路玩得很开心，后来却遗失在回家的路上了。没想到她竟然就记住了这件事！我边听报告，边看女儿百玩不厌地摆弄着这件珍贵的礼物，看着她将它一会儿压成飞碟，一会儿扯成椭球，一会儿又折成皇冠，心中默念：这一次可不能再弄丢了哦。在访谈的最后，索贝尔女士也没忘记将我介绍给与会的数十位外国作家和记者，还说：“我相信，《经度》的这个全新中译本在全球30种译本中是最优秀的。”为我们博得了一阵热烈的掌声。

听完报告出来，刚好看到夕阳映照下美轮美奂的东方明珠电视塔。我不由得想起了《经度》中描述过的那颗日复一日在下午12点55分升起再正点落下的红色报时球——“当强劲的西风将朵朵白云吹送到双子天文观测塔上空，那颗红色金属球在十月蓝天的映衬下，显得格外动人”。

匆匆用过晚餐，我们一道赶往陕西南路地铁站里的季风书园，去参加《读品》举办的读者见面会和座谈会。那晚的嘉宾有天文学家卞毓麟先生和科普作家钱汝虎先生，口译是复旦大学的研究生向丁丁，与会听众将书店的咖啡间挤得满满的。记者们架起长枪短炮，那阵势丝毫不输娱乐明星的出场。座谈会的气氛一直很好，读者提问水平颇高，口译也相当到位。当主持人李华芳先生宣布活动结束时，许多人还觉得意犹未尽。接下来又进行了签售环节。我注意到敬业的索贝尔女士在每本书上，除签上姓名之外，还标出了自己在地球上的坐标“41N 72W”，并且都认真地写上了一段与受赠人身份相匹配的赠言！

第二天傍晚，我又去了魅力酒吧，想在里面的小书店买本原版的《伽利略的女儿》，好请作者一并签名留念。没想到电梯门一开就看到索贝尔女士站在那里！我买好书，又和她聊了一会儿，约好两天后参观上海博物馆。她告诉我：因为时差，昨晚睡到凌晨 4 点就醒了。我听了很过意不去。她却说，虽然疲倦，却很开心，也很兴奋，昨晚的座谈令人非常满意。

参观博物馆时，我们主要看了陶瓷、书画和青铜器 3 个展区。因为展品都附有英文说明，再加上我和钱汝虎先生不时做些补充，欣赏起来倒也没什么障碍。她边参观边赞叹，不时还拍上几张照片。午饭后就去了世纪出版集团，为外地读者进行签售。我趁机掏出自己珍藏的几种书请她签名。她在每本上都写下了不同的留言，还特别将那本新买的《伽利略的女儿》题给我女儿。她也请我在送给她的那本《经度》中译本上签了名。接下来，又录制了《世纪访谈》节目，我硬充了一回口译。后来，还陪她去看了“二战”期间犹太难民在上海的聚居点和犹太教堂——她是犹太人，祖籍在俄罗斯。

我们给索贝尔女士安排的最后一项活动是去我母校——上海交大，作题为“科学与历史写作的挑战”的演讲，时间定在周三下午1点半。考虑到需要从上海东北角的外高桥斜穿整个市区去交大闵行校区，又正值上班高峰期，就和她商定了乘地铁。她说自己在纽约市生活过多年，很习惯坐地铁。上海干净整洁的地铁给她留下了深刻而美好的印象，还说这比纽约又脏又乱的地铁强多了。

令人欢欣鼓舞的是，《一星一世界》的10本样书在各方的共同努力下，已顺利寄到了交大。我们迫不及待地撕开包装，掏出书来欣赏摩挲。看着精美的封面和插图，闻着清新的油墨香，听着索贝尔女士的赞叹声，我内心充满了对世纪文景各位同人的感激之情。虽然没能赶在作者访华的这几天上市，但总算实现了让她在上海亲手触摸到这本书的心愿。为了配合她的访问，出版社和印刷厂给了这本书最高的优先级，从出片到收到样书仅用了一个星期，其中凝聚了多少的心血和情谊啊！我分得两本封面未干透的样书，都请索贝尔女士签了名，一本留给自己，另一本给女儿。在我女儿那本上，她模仿阿西莫夫的口吻写道：“说不定你长大后能生活在月球上。”她希望我在她的那本上用汉字题签，因为她觉得汉字很漂亮，于是我就给她写上了“但愿人长久，千里共婵娟”10个字。后来听说责编还定制了20本毛边本，给布衣书局的毛边党，却没想到分一本给我这个资深书迷，为我留下一个不小的遗憾，直到前几天用孔网奖励的100元书券买回一本才得到弥补。

那天来听报告的人比我预期的少，但学生提问还算积极，口语也不错，不少问题都挺有意思。依照美国新书推广讲座的惯例，索贝尔女士在演讲中朗诵了三本书的精彩段落，应听众的要求我也朗诵了与之对应的译文。《经度》和《伽利略的女儿》选的都是开篇的几段，而《一星一世界》选的则是我最喜欢的部分——“月亮篇”的开头。演讲结束时已是下午 4 点，她又接受了两家媒体的采访，方才脱身。

短短几天的相聚，更增进了彼此的友谊，也加深了此刻的离愁别绪。这是索贝尔女士首次来华访问，我们紧锣密鼓的安排让她非常满意，也给她留下了极其美好的印象。我后来将有关经过整理成了一篇文章《达娃・索贝尔的中国情缘》，刊登在《深圳特区报》上。

我们原本还想安排她去参观上海佘山天文台的。该天文台是天主教法国耶稣会于 1900 年创办的，为第一次国际经度联测的基本点之一，里面还保存着 100 多年前用过的天文钟和航海钟。但由于时间关系，没法成行。她看我不无遗憾，便安慰道：“也许明年还能找到机会来中国。”我当时以为这只是一句安慰人的话，没想到后来还真的兑现了。

三、日食

索贝尔女士回国后，我们间的通信变得更加频繁，而且“多了几分老友的亲密”。我们不仅介绍了各自的生活经历，谈论了正在从事的项目，交换了家人的照片，甚至还开始对中美关系坦诚地交换看法。记得我发给她的第一张照片，是我女儿 3 岁时充满童趣和创意的生活照。照片上的小姑娘将一把防盗门锁高举在眼前，假装成照相机的样子，身穿的罩袍前襟上还有口水的湿痕。索贝尔女士非常喜欢这张照片，说她一下子就被征服了，仿佛再次进入了童真的世界。

她得知我之所以会偶尔承担一些翻译任务，纯粹是出于对图书的热爱，而不是为了赚取稿酬，就不时给我寄一些书，既有她自己的新旧作品，也有我向她提及的老书，还有她觉得我可能会感兴趣的好书。她在自己的作品上都不忘记题词签名再寄赠给我。这么多年下来，我估计自己成了国内拥有索贝尔女士签赠本最多的读书人。这些书寄托了索贝尔女士的深情厚谊，已成为我藏书中最值得珍藏的一部分。她的赠书中有她朋友戴安娜·阿克曼（Diane Ackerman）在1976年出的一册诗集《行星：宇宙田园诗》（*The Planets: A Cosmic Pastoral*），是我在翻译《一星一世界》时得知其存在并想读一读的——以太阳系行星为主题的诗歌原本就非常罕见，更何况还是由著名天文学家卡尔·萨根先生亲自指导完成的！我搜遍包括孔夫子旧书网在内的各大平台和新旧书店，也没能找到，只好开口向索贝尔女士求助。她和我当时大概都心照不宣地想过，我是否会将这本奇书译成中文。可惜我对自己的诗歌翻译水平毫无信心，加上后来又去忙别的事了，浅尝辄止就将这书放到了一边，现在都不知道埋进哪堆书里了。我以后会鼓足勇气将它译出吗？我不知道，更不知道是否会有出版社愿意出这样一本冷门偏门至极的诗集。

《经度》和《一星一世界》出版后，我陆续收到不少书友的来信，既有对我表示支持鼓励的，也有不吝指正与探讨的。我不是科班出身的人，虽然翻译时尽可能做到了用心，但由于英语修为和天文专业方面的欠缺，还是难免出错，因而向来非常欢迎广大读者和专家学者为我的译本挑错或提出改进建议，从来不敢自以为是或讳疾忌医。西方有句很世故的谚语：“自己住玻璃房子，就别向人家扔石头。”（Those who live in glass houses shouldn't throw stones.）我这个译者却还偏偏喜欢给人家的译文挑刺。我之所以愿意下这种得罪人的笨功夫，只是因为我非常痛恨不负责任或不合格的译者糟蹋好书、糊弄读者的做法，希望他们记住西方古典学家吉尔伯特·海特（Gilbert Highet）的名言：“一本写得很糟的书，只不过是一宗大错；而一本好书的拙劣翻译，则堪称犯罪。”（A badly written book is only a blunder. A bad translation of a good book is a crime.）我相信，一个社会如果没有挑剔的读者，就产不出高水平的读物，就会自甘堕落。鲁迅在《准风月谈》里一篇题为《由聋而哑》的文章中曾指出：“用秕谷来养青年，是决不会壮大的，将来的成就，且要更渺小……甘为泥土的作者和译者的奋斗，是已经到了万不可缓的时候了，这就是竭力运输些切实的精神的粮食，放在青年们的周围，一面将那些聋哑的制造者送回黑洞和朱门里面去。”因此，我丝毫也不为自己的“愚行”感到后悔，甚至还要再次欢迎大家多向我这间并不防弹的玻璃房子扔石头！

在索贝尔女士的影响下，我对天文的兴趣也浓厚起来，不仅淘回了大量天文科普书，还买了一架入门级的天文望远镜，不时搬到阳台上与孩子们一起观看行星和月亮。我在写给索贝尔女士的一封邮件中说："在翻译您的作品时，我突然想到：如果我在十来岁时就读到了您的书，也许会选择一个不同的专业呢。毫无疑问，如果有哪位年轻的朋友因为读了我翻译的《一星一世界》而无可挽回地成了天文学家，那我就要倍感欣慰了。"

有一天，索贝尔女士突然告诉我：2009 年 7 月 22 日上午 8 点左右，中国长江中下游地区将会上演本世纪持续时间最长的一次日全食，许多地方可长达五六分钟，成都、重庆、武汉、合肥、苏州、杭州、上海等城市都处于日食带上。她说，她将随一个旅行团在 7 月 21 日抵达上海，观看本次日全食，不知我是否有空重聚。因为刚好在暑假中，我肯定不难将时间安排开，就满口答应一定前往。她说，现在唯一担心的就是，不知日食发生时观测点的天气如何，但愿天公作美；不过就算到时没看成，能和我再度聚首也不枉此行。我趁机约她为尹传红先生负责的《科技日报》写篇日食观测方面的文章，由我译成中文发表。她满口答应，并在不久之后就寄来了稿件《我的日食之旅》。通过这篇文章，我得知她已先后 5 次展开日食之旅，本次是应菲斯克天文馆（Fiske Planetarium）天文学家道格拉斯·邓肯（Douglas Duncan）之邀，以演讲者的身份参加他组织的专业天文学家与业余爱好者旅行团，为参团人员举行一次关于伽利略的讲座，作为"国际天文年"庆祝伽利略首次使用望远镜进行天文观测 400 周年的纪念活动之一。美国国家航空航天局的"日食先生"弗雷德·埃斯潘乃克（Fred Espenak）则为本次日食之旅保驾护航，提供了不少具体而细致的预测和统计。

当年国内移动互联网还不是很发达，我仍然在用诺基亚直板机，而不是更方便上网的智能手机，我跟索贝尔女士联系主要是通过电子邮件。她事先给我发了一份行程安排，并告诉我不排除有临时变动的可能。在我动身前往上海前，她又给了我一个国内的手机号码，为我增加了短信联系这条途径。后来，我正准备按约定的时间赶往浦东机场时，收到她发的短信，说是航班有调整，她们将在某时某刻飞抵虹桥机场。我在虹桥机场再次收到消息，得知行程又有变化——她们在虹桥只稍作停留，然后直飞苏州，晚上会入住苏州某五星级宾馆。她对“send you on a wild goose chase”（让你徒劳无益地来回奔波）表示歉意，并约定晚上会面。

我联系了几位在苏州的朋友，一起共进晚餐。有位主营蚕丝被出口业务的朋友，建议我送一床蚕丝薄被给索贝尔女士，说这样一件礼物便携美观耐用又深具地方特色，应该会受美国朋友欢迎的。我欣然采纳了朋友的建议。晚些时候，我收到索贝尔女士打来的电话，约我去她下榻的宾馆。我带着朋友帮忙选定的蚕丝被前往赴约。到了宾馆，索贝尔女士再三向我道歉，说她们这次先去西安看了兵马俑，因为团里有人出现了突发状况，临时调整了行程。我表示，能见到她就心满意足，行程的调整恰好应了“好事多磨”这句中国古话。依照西方的传统，她当面打开我送给她的礼物，极力地称赞我既贴心又有眼力。我添油加醋地向她介绍了蚕丝被在身体保健方面可能具有的功效，更令她惊叹连连。在美国留学时，我曾见到一些大姑娘或老太太用不同花色的碎布，手工缝制成又轻又薄的拼镶被，美其名曰 comforter，还经常以此作为礼物相互赠送，我家就收到过两次。因此，当索贝尔女士感谢我送她这样一件优雅别致的 comforter 时，我并没有被这个名词难倒。这些年，她多次对我提到自己有多喜爱这床蚕丝被，说在家里写作时几乎总是盖在膝上，磨损严重了也舍不得更换。唉，我早该送她一床新的了！

那晚我们还聊了些什么，如今我早已忘却，只记得时间过得飞快，不知不觉已近午夜。临走前，她问我有没有兴趣参加她们明天的日食之旅。此前我从未跟专业团队一起观看过日食。印象中，只在高中读书时看过一次日偏食，当时老师让我们将碳素墨水滴在小半盆水里，通过水中的倒影观看日食过程。因此，我为能得到这样的机会而欢欣雀跃。索贝尔女士当即找导游要来一件合适我身材的定制团服。这是一件普通的白色棉质短袖 T 恤，但胸前印着红色 Logo，上面是一道由 5 颗红心排成的拱形圆弧，下面是团名“a bridge to china”（通往中国之桥），前襟中部是大幅类似水墨风格的黑白画面——乍一看还以为是“黑太阳 731”，但仔细观察就会发现，其实画的是几个兵马俑戴着墨镜在看日食，右下方有 3 行文字“日食；2009 CHINA；SOLAR ECLIPSE”。这设计令我连声称妙：如此简洁明了，却将旅行团的两大主题巧妙而幽默地结合在一起，毫无违和之感！

索贝尔女士告诉我，因为天气预报说苏州及周边地区有雷阵雨，乌云太厚，看不到日食，因此旅行团准备在凌晨 2 点出发，一路向西，赶到不下雨的地方就停下来等日食；如果在日食发生时仍然没赶上停雨，就只能就地等待听天由命了。她建议我抓紧时间赶回宾馆小憩片刻，到时她可请前台叫醒我，不用提前吃早饭，因为团里准备了西式快餐。我突然意识到应该多留点时间让时差都没倒好的索贝尔女士休息，有什么话大可以留着在路上再聊，于是连忙向她道别。

回到宾馆，我又继续和朋友聊天，直到前台打来叫醒电话时，也没有合眼。简单地洗漱了一下，就赶去旅行团上车点。索贝尔女士已在那里等着我，她送给我一副可以直接观看太阳的墨镜，并领我去取了快餐，然后就一起登上了旅游巴士。我们并排坐着，热烈地聊着永无止境的话题，我都惊诧于自己丢了好几年的英语口语，怎么还能像山泉水一样毫无滞碍地汩汩流淌。其间，索贝尔女士掏出手机，给我看了一会儿照片，包括她家人最近的生活照和这次在西安参观兵马俑时拍的照片。这是我第一次看到iPhone手机，滑动手指就能浏览照片的触摸屏，给我留下了非常深刻的印象。一路上小雨淅淅沥沥地下个不停，车里不时有人传达气象卫星传来的最新动态，显示前景不容乐观。我们终于顶不住瞌睡的侵袭，在不知不觉中停止了小声的交谈，先后滑入了梦乡。

雨天的黎明降临得晚，但终于还是来了。我惊醒过来时，天已大亮，雨也停了，但周遭还是阴沉沉的。窗外是大片大片的农田，经过风雨洗礼之后的青山绿水显得格外的苍翠清新。比我醒得早的索贝尔女士告诉我，我们已进入安徽铜陵地界——铜陵被确定为本次日食的全球最佳观测点。我们将在日食发生前半小时左右停下来准备，但愿到时老天会开眼。不久，车就停在了公路边的一个空旷的简易停车场里。我拿出相机给索贝尔女士拍了两张照片，她摆的姿势是将左手食指和中指交叉。我知道，在西方文化中，那表示祈祷之意。她又将我介绍给身边的几位团友。一位头发胡子全都白了的老天文学家，听说我是《经度》的中文译者，就饶有兴趣地问我，中译本发行了多少册。我坦白地说，具体印数我不清楚，好像加印过，应该在万册上下。他又问我知不知道《经度》的英文版印量有多大。我说，完全没概念，有没有到百万？他听了微微一笑，没有回答我。

距离初亏时间只有十几分钟时，我注意到天上的乌云似乎变薄了一些，有些地方已看得到透过来的阳光，但太阳周围的乌云在快速运动，谁也说不准它们到时是否会将太阳重重地遮挡在后面。我给尹传红先生挂了个电话，得知他们在武汉观看，当地天空晴朗，令人眼红。经验丰富的索贝尔女士让我不要失去信心，因为日食发生时气温会下降，有助于乌云中的水汽凝结，因此在关键时刻突然出现老天开眼的奇迹也不是非常罕见。那天，我们在安徽铜陵正好验证了这一点。透过日食观测墨镜，我有幸观看了从初亏到食既、食甚、生光和复圆全过程中的前 4 个阶段，也抢拍了几张日食期间的照片。观测条件虽然不完美，但还是给初次观看日全食的我留下了深刻的印象。我不由得想起索贝尔女士描写日食的文字：

> 太阳变黑时，整个天空都会暗下来，显现出熹微时分那种幽蓝色调，而壮丽的日冕也会跃入人们的眼帘。这里展示的巨幅画面是太阳的外层大气。虽然比太阳表面的温度还要高出许多倍，这个精致的日冕在平时是看不见的——被太阳

> 夺目的光辉掩盖了。而如今在日全食期间，它终于可以闪亮登场了，微微散发着白金或珍珠般的光芒，向外伸展到数倍于太阳直径的地方……日全食那超凡脱俗的美不会刺伤你的眼睛，虽然难免会触动你的心灵，甚至让你热泪盈眶。只有在日全食发生前后的日偏食阶段，才会对你的视网膜构成威胁，得戴上保护眼镜方可安全观看。在日全食期间，你大可放心地用裸眼直接欣赏，将种种美妙奇景尽收眼底：太阳与月亮重合了，金星与水星突然现身，冕流的构造与外形在变幻，日食的中央黑轮上装饰着华丽的耀斑“红缎带”。然后，从月亮背后突然闪出一道炫目的亮光，打破魔咒，将你惊醒，并逼迫你挪开视线。

这一车老外和他们陆续架设起来的长枪短炮，逐渐吸引了附近的老乡。可能是因为这个停车场比较偏僻，在看完日食前，赶过来围观的乡亲好像不多（也可能是因为我当时的注意力主要集中在天上），后来越聚越多。这些老乡，有光着膀子的汉子，有手脚麻利地拾捡空矿泉水瓶的老太太，有穿开裆裤的小男孩，也有脸色黑里透红、满眼好奇与羞怯的小姑娘。刚开始都站得远远的，对着专心看日食的老外指指点点。慢慢地，越靠越近，直到完全混入旅行团。老乡们大多也拿到了墨镜，但对他们吸引力更大的，无疑还是来自地球另一边的洋人，而不是什么天文奇观。面对此情此景，我不禁想起了卞之琳的那首《断章》：“你站在桥上看风景，看风景人在楼上看你。明月装饰了你的窗子，你装饰了别人的梦。”因为基本达到了预期的观测目标，大家都兴致高涨。旅行团拿出预先准备好的冰镇香槟，供团友们和围观的老乡共同举杯庆祝。有位年轻的女天文学家对我说，她会中国功夫，并在我的镜头前比画出两个像模像样的太极姿势，引得周围的团友和乡亲们齐声喝彩。

在回程的车上，我们又聊了一路。快到苏州时，索贝尔女士鼓足勇气对我提出了一个“不情之请”。她告诉我：旅行团里有位 80 多岁的老太太，就是团长道格拉斯·邓肯的母亲。她原本是要跟大家一起去看日食的，但在来苏州的路上，哮喘病突然发作，加上平时就有高血压和心脏病，因此飞机一落地，就被救护车直接送进了苏州市第六人民医院急救。旅行团当晚就要坐飞机回美国，团长会独自留下陪护他母亲，但问题是母子俩都不懂中文，医院的医生护士英文又不好，沟通不顺畅，尤其是难以和老太太在美国的医生电话沟通。因此想问问我是否方便在医院里待一段时间，为他们提供翻译。索贝尔女士一再说那位老太太如何讨人喜欢，发病前没有拖累过团里的任何人。我毫不犹豫地答应说：没问题，现在是暑假，我可以安排开时间。我的痛快似乎出乎她的预料，我看到她眼含热泪，一个劲地说我是安琪儿。我再三向她保证说：只是举手之劳，一点儿都不麻烦，不必挂怀，换作别人也不会忍心拒绝的。

我回宾馆办好退房手续，就搬进了医院。值班医生已了解情况，让我住在医生休息室里，并嘱咐了一些需要注意的事。夜里，美国那边的医生和保险公司打来电话，希望尽快接她回国接受检查和治疗，我将他们的意思转告给苏州的医生，也将这边医生的考虑和当前的治疗方案告知对方，最后双方达成一致，先按这边的方案治疗，等病情稳定些后再转回去。晚上我去看了病人两趟，其他就没什么事了。第二天早上，道格拉斯过来找我，说要给我报酬，我连忙谢绝，说能在他们急需帮助时施以援手，是我的荣幸。道格拉斯从裤兜里掏出一副新总统奥巴马主题的扑克牌送给了我。深夜，当我想进医生休息室睡觉时，却发现门被锁上了——原来那位医生已经下班，而且忘了交代接班的医生护士，我只好无奈地在走廊的椅子上过夜了。晚上照旧跟美国那边通了一次电话，去看了几趟病人。中间有一次，老太太大概将我当成了护工，对我说她想吃水果，但她戴着氧气面罩，加上哮喘，我没听明白。老太太麻利地翻起身来，一把将氧气面罩摘下，边打手势边说，我终于听明白了，连忙从旁边的冰箱中给她取来水果。记得当时我看着这个大块头的老太太，心想：动作如此生猛，半夜还要吃水果，看来不会有什么大问题。第三天早上，道格拉斯过来对我表示感谢，并告诉我：他已经另外做好安排，不用再麻烦我担任翻译了。于是，我就买好了当天回厦门的机票。

刚下飞机，就接到一位朋友的电话，邀请我去大嶝岛一家海鲜店吃饭。很巧，这位朋友在路上给我讲了一件事：前一天晚上，他去探视一位部下生病住院的父亲。这位能干的部下少年得志，颇令他父亲自豪。老人将我朋友默认为是自己儿子的部下，就指示他做这做那，他都开开心心地照办。这位部下回来看到，吓得面如土色，反而要我朋友多方安慰。我也给他简单讲了一下，我在苏州一家医院里给美国人当了两天翻译，后面一晚只能睡走廊。我俩相视而笑，端起手边的酒杯一饮而尽。

四、《玻璃底片上的宇宙》及后续

索贝尔女士回国后，我们继续保持着经常性的联系。我从她的口里得知，老太太后来又在医院住了 3 天，然后就买票回国了，她的身体很快就完全恢复了，他们母子都对我在最艰难的时候伸出援手且不求回报充满感激之情。每当圣诞新年来临之际，或者在新闻中听到暴风雪袭击纽约地区，又或者航空航天和天文等方面有什么重大的新闻，我们都会交换邮件，并趁机向对方介绍自己的近况。有一次，她告诉我，她的髋关节出了点问题，加上日益老迈，现在比较少长途旅行了，更多的时候是待在家附近从事写作。她说她准备在合适的时候去动手术，换个钛合金的髋关节。后来她告诉我，经过几次推迟，她终于动了这个手术，手术很成功，让我不要担心。

2016 年的一天，索贝尔女士告诉我，她此前多次对我提及的新书 *The Glass Universe*（《玻璃底片上的宇宙》）已经顺利出版。不久我就收到了她寄给我的签名本。她收到我的感谢信后，半开玩笑地问我，有没有兴趣将这书译成中文。我回答说，若能得到翻译这本书的机会，那将是我的荣幸。她通过自己的版权代理向购买简体中译本版权的后浪公司推荐我来翻译。2017 年 2 月，我收到了后浪的翻译邀请，并在 11 月签订了翻译合同。

通过《玻璃底片上的宇宙》，索贝尔女士给我们带来了另一个令人着迷却又鲜为人知的真实故事，再次展示了作者从科技史中发掘绝妙素材的稀世才华和非凡的文字驾驭能力。这个故事记叙了一段被埋没的历史，生动地还原了一群杰出女性在男性处于绝对主导地位的社会中艰苦奋斗，忍辱负重，充分发挥自己的聪明才智，对天文学新兴领域作出卓越贡献，进而促进社会进入男女更为平等的文明阶段的重要场景。从 19 世纪中期开始，哈佛大学天文台就已经陆续雇佣女性作为廉价“计算员”，来解读男性每晚通过望远镜观测到的发现。起初，这些女性往往是天文学家们的妻子、姐妹、女儿等，但到 19 世纪 80 年代，这一群体也包括了新出现的女大学毕业生。当时由亨利·德雷伯博士率先采用的摄影技术，逐渐改变了天文学的实践活动，展现出显著的优势和辉煌的前景。德雷伯博士遽然去世后，他的遗孀安娜·德雷伯决心继承他的遗志，将这项技术进一步发扬光大。哈佛大学天文台台长皮克林雄才大略，审时度势，争取到了她一系列的关键性支持，使得该天文台不仅得以收集到了 50 万张以感光板拍摄的星空底片，而且还资助女性“计算员”研究被玻璃感光板逐夜捕捉到的星球，并取得了一批享誉世界的惊人发现。继任台长的沙普利充分发挥底片宝库和女性队伍的潜能，进一步夯实了哈佛大学天文台已取得的崇高国际地位，引领了天文学发展的新潮流。《玻璃底片上的宇宙》把握了一段波澜壮阔的历史，刻画了一群可歌可泣的女性，也反驳了常人一贯认为女性对人类知识发展贡献甚微的荒谬论断。这是一曲女性知识分子解放自我、实现自我、超越自我的颂歌，也是一部科研机构把握机遇、勇立潮头、取得划时代科学突破的奋斗史。我相信广大读者是可以从这本佳作中得到多方面的启迪与收获的，因而为能获得翻译这本书的机会感到荣幸，也热切盼望这个译本早日出版。

毋庸讳言，翻译的过程是艰苦的。我在一封写给索贝尔女士的邮件中提到，因为 2 岁的儿子每晚都要我哄睡，为了挤时间翻译这本书，我经常是或者凌晨 4 点就寝，或者凌晨 4 点起床。索贝尔女士听了觉得很过意不去，劝我多保重身体。在翻译这本书的过程中，我共向索贝尔女士发过 5 次答疑邮件，合计求教了 33 个具体的大小问题。索贝尔女士一如既往地为我进行了耐心、详尽而权威的解答，让我一次次被她的古道热肠而感动。最终，我在 2018 年 7 月 30 日向后浪提交了我的译稿。我又请索贝尔女士为这个中译本写了一篇短序。她在序言的末尾说：2024 年 4 月 8 日将出现一次日全食，全食带距离我曾留学的大学不远，期盼我届时能重返美国，再跟她展开一趟日食之旅。不知为何，我当时心里就笃定没这种可能。而且，连答应责任编辑会尽快写出的译后记也迟迟不肯动笔。莫非我冥冥中预感到了未来将发生的变故？

2019 年底，一场席卷全球的新冠肺炎疫情，对各国社会经济生活造成了一浪高过一浪的巨大冲击。在这样的大环境下，《玻璃底片上的宇宙》的出版进度一推再推。前段时间，后浪的责编告诉我，这书将交给浙江教育社出版，已进入终审环节。她还将排稿版发给我做最后的校对。我终于发现，推迟 4 年多出版也有个好处，就是译文已变得足够生疏——这书成了一块我不忍触碰的心病，过去几年都没重读过译稿——可以比较客观地校对出问题。令我感到欣慰的是，我发现当年的翻译很是认真严谨的，这次挑出的 18 处需要修改的地方，都是比较小的修改。

在《玻璃底片上的宇宙》迟迟得不到出版机会的这几年里，我总觉得都不知该怎样向索贝尔女士交代。其实，索贝尔女士是个非常善解人意的人，从未因为中译本出版时间一再推延而有任何不悦，我们的邮件往来虽然有所减少，但始终都非常愉快。猪年来临时，她告诉我，她属猪。当她得知这也是我的本命年时，就幽默地说我们是“fellow pigs”。她这两年一直忙于写作一本关于居里夫人及其团队的新书，中间因为出版商不太喜欢她的切入方式，曾推倒重写过部分内容，如今全书已完成大半。她问我有没有兴趣继续翻译她的新作。我说当然愿意效劳。如果真有那么一天，这篇文章就可以再加上一个续集了。去年圣诞前夕，我收到她的邮件，得知她也像我一样，在成功防疫 3 年后，最终还是没能逃脱新冠的魔爪。她说，幸好打过疫苗，症状不太严重。同为“新冠病友”的我，也没忘记遥祝已届 75 岁高龄的索贝尔女士早日康复，老当益壮，为这个世界留下更多佳作！

今年夏天，我惊喜地得知，人民邮电出版社图灵公司准备再版我于 2006 年组织为高教社翻译的一本《信息论、推理与学习算法》。9 月，出版品牌“未读”的边老师告知，终于获得了美国版权方再版《经度》和《一星一世界》的授权。我也趁机对这 3 本书进行了全面而细致的校对和修改。修订自己以前翻译的书是比较令人愉快的体验，因为它既不像初译时那么艰难，又能弥补原来留下的诸多遗憾（比如终于获知黄昏星太白的妻子拂晓星“Nu Chien”，应该译作“女媊”），稿酬也没有少，而且还能让自己已绝版和溢价的译本再获新生并服务更多的读者。由此我不禁憧憬起未来，届时所有基本的翻译也许都将交由机器完成，而人类译者只需将主要精力集中在处理那些“会咬断牙齿的硬骨头”（按《经度》中马斯基林的说法）。最后还是要感谢所有帮助过译者的朋友，并恳请广大读者和专家学者继续对本书批评指正。

2023 年 10 月 6 日凌晨

于杭州瓢饮斋